JE VOUS ÉCRIS
DU FRONT DE LA SOMME

François Ruffin

JE VOUS ÉCRIS DU FRONT DE LA SOMME

Éditions Les Liens qui Libèrent

ISBN : 979-10-209-1128-5

Avertissement

Depuis que je suis devenu député, je suis pris dans une contradiction : je respecte l'écriture, et en particulier les livres.

C'est par là, à mon sens, que la pensée se forme, à la fois chez l'auteur et chez les lecteurs, chez les citoyens. Ce sont des outils, plus que nécessaires, impératifs, au débat public. Un dirigeant politique, pour moi, doit écrire, et pas seulement des tweets, pas seulement « réagir » sur les plateaux télés, mais aussi réfléchir dans son intimité. Il doit écrire pour s'éclairer lui-même, et pour éclairer le chemin qu'il propose au pays. C'est le moment où sa parole mûrit.

Mais je respecte l'écriture, et en particulier les livres.

Trop pour les bâcler. Or, le temps me manque, je cours après, le temps me manque pour écrire mes livres comme avant, comme je le voudrais, avec un moment de retrait, avec des semaines d'ermite, sans bâcler les chapitres. L'été devrait servir à ça, mais comment faire, avec un projet de loi « Pouvoir d'achat » qui, bien que vide, se traîne jusque début août, et les universités d'été qui reprennent quinze jours après ? Ainsi, j'ai le plan, dans ma tête, d'un ouvrage sur « la valeur travail », pas complet, non, mais où je remonterais à Marx, et même à la préhistoire, pour que la gauche redevienne le camp, plus clairement, du travail, de la dignité par le travail et par les droits qui vont avec. Je n'en vois pas le bout, et à vrai dire, à peine le début.

Et voilà que le président Macron, ce 14 juillet 2022, nous promet, pour la rentrée, une énième « réforme du travail », voilà qu'il reprend son slogan, « travailler plus et plus longtemps » (même pas pour gagner plus), voilà qu'il s'y engage, « les Français doivent vivre de leur travail, de leur salaire », et tout ça, bien sûr, au nom de la « valeur travail »... qu'il déprécie chaque jour. Je veux apporter ma pierre à l'édifice. La jeter dans son jardin de l'Élysée.

Bref, quand Henri Trubert et Les Liens qui Libèrent m'ont offert d'en faire une intervention, et puis finalement, malheureusement, le texte a grossi. Vous en pardonnerez le côté brouillon.

Je vous écris du front de la Somme

1.

Je vous écris du front de la Somme, qui vient de craquer.

La campagne avait démarré gentiment, pourtant, par le message d'un pasteur protestant :

« Cher François Ruffin, bien qu'étant d'orientation de droite en politique, je dois vous avouer que si j'habitais sur la première circonscription, je serais tenté de voter pour vous car vos combats sont pragmatiques et louables. Recevez donc tous mes encouragements dans ces prochaines semaines et continuez à porter haut la voix de ceux qui n'ont pas encore assez de visibilité. »

J'avais répondu en rigolant :

« Mince, vous n'êtes pas dans ma circo ! Et mince, je vous croyais de gauche ! Je veux bien en discuter un jour avec vous : comment peut-on être disciple d'un

Christ partageur et plutôt de droite ? Je veux comprendre. »

C'est sa réponse qui m'a scotché :

« En deux mots, le sens de mon orientation plutôt de droite : mettre le travail au centre de la structure sociale. »

Quand j'ai lu cette phrase, sur mon portable, une voix s'est révoltée dans mon estomac : « Mais c'est nous, le travail ! C'est la gauche, depuis Fourmies et Jaurès, le camp des travailleurs ! »

Cette voix dans mon estomac aurait le temps de se révolter, de s'égosiller. Car des échanges, de ce genre, en plus brutal, j'allais en avoir des centaines.

Une porte après l'autre, un immeuble après un pavillon, entre Abbeville et Camon, la petite musique revenait, lancinante, sur « les assistés », « les cas soc' », ceux qui « ne se lèvent pas le matin », qui « restent à l'appartement », qui « touchent des aides », pendant que « nous, on n'a droit à rien ».

Dans un village, c'était une épidémie. C'est que, faute de curé, le presbytère s'était vidé. Il n'y avait plus de boucherie, ni de boulangerie. Le tout était reconverti en locations, pas trop chères. Des « cas sociaux » s'y étaient installés, sur la place, donc au centre des regards, et leurs voitures, leurs téléphones étaient scrutés : « Nous, on ne pourrait pas s'acheter ça ! » répétaient les habitants.

« Des feignasses ! La France subventionne les bons à rien ! », pestait un artisan, clope en main, à la sortie du vestiaire, après un foot à Eaucourt. « Et qui paie pour eux, qui ? », s'énervait cet ancien ouvrier, passé à son compte. « Venez chez moi, venez chez moi quand vous voudrez, je vous montrerai mes charges ! » Il s'emportait contre nous, dans la foulée, nous qui les protégions, ces « assistés », nous qui réclamions « trop de social ». J'étais leur complice en somme, lui le devinait bien.

Les retraités prenaient leur part de vindicte : « Vous voyez combien je reçois ? 950 € de pension, après quarante ans à la Comap... Alors qu'à l'étage en dessous, des bons à rien, avec un poil dans la main, ils vont à La Poste le 5 du mois et ils touchent plus que moi. Vous trouvez ça normal ? » Avec une tirade contre « les jeunes » : « À la réderie*, ils revendent des téléviseurs, des magnétos, mais comment qu'ils achètent tout ça ? Ils ne travaillent pas ! »

C'était énoncé sans colère, parfois, comme une fatalité. Fille d'un petit agriculteur, Hélène est la première de sa famille à entrer à l'université, d'abord

* Expression picarde désignant les brocantes.

avec un « DUT carrière juridique à Troyes », ensuite « une licence à Rennes ».

« Comment tu finances ça ?

– Je travaille tous les étés, comme serveuse, conseillère clientèle pour EDF, en vente dans une bijouterie, comme animatrice, ça dépend. Mais ça ne paie que l'inscription, 490 €. Et pour le loyer, c'est plus compliqué…

– Tu travailles aussi pendant l'année ?

– Non, je me suis dit que si je prenais un travail, j'allais rater mes examens. J'ai demandé à mes parents, ils ont réfléchi, ils m'ont dit : “oui”. Je prends des colocations, parfois en dehors de la ville, c'est moins cher. Je n'aurais pas pu faire des études sans mes parents, même sur le plan psychologique.

– Et pour manger ?

– Je mangeais des pâtes. J'allais chez Lidl, je regardais les dates de péremption rapide.

– Pour les loisirs ?

– 'Y en a pas. Je voulais reprendre la piscine, mais ce n'était pas possible au niveau des prix. Et c'était à l'intérieur de la ville, ça me faisait des déplacements.

– Comment tu fais pour les transports, justement ?

– J'ai une vieille camionnette de mon papa.

– Et tu ne touches pas une bourse ?

– Non, mes parents sont juste au-dessus. Ça ne les a pas surpris, eux, ils sont habitués : “De toute façon, nous, on n'a droit à rien.” Quand j'ai perçu des APL, ils étaient tout étonnés. »

Ça tournait à la rigolade, enfin. Ce jeudi de l'Ascension, on traversait la circo à vélo, en s'arrêtant dans les bistros. Au café « Chez François », à Long, mon voisin de bière le déplorait : « Je vous aime bien, mais je ne peux pas voter à gauche : je suis pour le travail. » Et il me narrait ses soucis de père, ses enfants qui se débrouillaient, tous sauf un, un à qui il payait des études, « un branleur qui ne veut pas bosser » et qui, fatalement, logiquement, à son grand désespoir, votait… Jean-Luc Mélenchon ! Il s'étouffait, de stupeur. Moi aussi, de rire. Et on se marrait ensemble.

Voilà mes brèves de campagne.

J'en ai discuté, ensuite, avec des députés élus d'autres coins. Dans la France du péri-urbain, c'était le même refrain, la même injustice martelée : « l'assistanat », ces parasites d'en bas. « Sur les marchés, on n'entendait que ça. » Un camarade communiste confesse avoir usé, dans un tract, d'une formule à double tranchant : contre « ceux qui font de l'argent en dormant ». Lui songeait aux cinq cents fortunes, mais ses électeurs lorgnaient davantage vers ces nouveaux rentiers, sous le Smic et qui peuplent les HLM…

Comme l'énonce Marion Fontaine, historienne de la gauche, citant sa collègue Séréna Boncompagni, anthropologue du bassin minier, toutes deux d'accord: «Le grand enjeu politique qui prédispose à un vote Rassemblement national, c'est l'assistanat.»

2.

Le front de la Somme a craqué, je disais.

«Bon, nous faisons 54 % à Saint-Léger. C'est pas mal parce que...»

Ma voix se traîne, trop morne, trop lasse, ce dimanche soir, dans la salle du Chiffon rouge. «Qu'est-ce que t'as? On est en train de gagner!» Dimitri me reprend le micro, «laisse-moi faire», et avec ses dents du bonheur, avec son ton guilleret, avec son enthousiasme, «C'est un résultat exceptionnel! Obtenu grâce à votre boulot!», il suscite les applaudissements des militants.

Pour ma part, je rumine.

Certes, ce 19 juin, face à la candidate du Rassemblement national, nous l'emportons, et assez largement, par 61 % contre 39 % (mais 55 % d'abstention, plus 7 % de nuls et blancs...). Certes, à Flixecourt, dans le Val-de-Nièvre, nous renversons la donne, de 65 % pour Marine Le Pen en avril, nous tournons à 65 % pour nous. Et 71 % à Amiens-Nord. Certes, nous unissons, le temps d'un suffrage, quartiers populaires et bourgs populaires. Et de toute la France, je suis l'insoumis qui relève le mieux le score de la gauche, médaille d'or toutes catégories, +11 % comparé aux présidentielles.

Pourquoi ne pas en tirer fierté ?

Mais notre exploit électoral a un goût amer. Justement parce que c'est un exploit, parce qu'il a fallu un exploit. Parce que nous le devons à une campagne de feu et de fou. Parce que je ne veux pas devenir l'arbre qui cache la forêt.

Ailleurs, partout ailleurs dans la Région, la gauche a coulé.

À l'autre bout de la Somme, à l'est, mon copain Guillaume Ancelet se fait plier : 60-40 pour le RN, à peu près, l'inverse de mon score. Pourtant, lui a tout tenté, tout essayé, tout quadrillé, entre Ham et Albert, entre Péronne et Rosières. Pas en vain : il a accroché le deuxième tour. Il fait partie des rares FI à améliorer, pour sa législative, le score de la présidentielle (+1,25 %, médaille de bronze). Mais il partait d'un plancher trop bas, d'un « total gauche » Jean-Luc, Yannick, Anne et les autres d'à peine 20 %.

Juste à côté, entre Corbie et Doullens, idem : c'est le RN qui passe. Et même ici : la candidate RN, inconnue, invisible, approche les 40 % sans bouger, refusant le débat, avec juste un tract pourri mis en page sur Word…

Au total, sur les 17 circonscriptions en Picardie, le RN s'est qualifié, lors des législatives, pour treize duels de second tour. Il en a gagné 8 à l'arrivée. 8 sur 17, presque la majorité absolue. Elle est atteinte dans le Pas-de-Calais, six sur douze. Et autant dans le Nord (six sur 24 circos, aucune à Lille-Roubaix-Tourcoing, toutes en périphérie). Et le pire, en vérité, c'est que je n'en suis pas surpris. Aucun observateur, qui vit ici, un peu politiquement averti, n'en est surpris. C'est un regard différent, forcément, des experts et des chefs qui devisent et décident depuis Paris, depuis une capitale où le Rassemblement national est quasi-inexistant, depuis une Île-de-France que se partagent macronistes et divers gauche.

Chez nous, le front a cédé. Il est enfoncé, défoncé.

Je tiens bon, comme un bastion, et il en est d'autres dans le pays. Mon ancien collab', Damien, a gagné dans le Limousin, sa voisine également. La Bretagne résiste encore, envoie des députés sur nos bancs. Carmaux, la ville de Jaurès, demeure à gauche, bien cernée par l'extrême droite. Decazeville, en Aveyron, de même. Lodève, dans l'Hérault. Même en Lorraine, nous gardons des élus. Je ne veux pas décrire un paysage dévasté, où nous serions laminés partout. Au contraire, il reste des points d'appui.

Mais justement : qu'en fera-t-on ? La question se pose, pour mon Fort Alamo du Val-de-Nièvre : sera-t-on la pointe avancée d'une reconquête ? Ou sera-t-on abandonnés par les états-majors ? Terminera-t-on comme en Haute-Marne, en Haute-Saône, dans les Pyrénées-Orientales ou dans l'Aude, avec tout le département qui vire RN ? Ou, sauvant Amiens, la métropole moins inquiète, ne manquera-t-il qu'une circo au RN, comme dans l'Eure, dans l'Yonne, dans le Lot-et-Garonne, le Var, le Vaucluse ?

Il fut un temps où la moindre mairie, Vitrolles, Marignan, Orange, remportée par le Front national suscitait des tribunes dans *Le Monde*, des polémiques parmi les artistes. Après le 21 avril 2002, des manifestations se répandaient dans les rues, aux cris de « F comme Fasciste, N comme Nazi ». Franchement, ces *« No pasaran »* ne furent jamais « ma came ». Mais enfin, là, la fille du fondateur accède pour la deuxième fois au deuxième tour de la présidentielle, le Rassemblement national domine la gauche, largement, hors Paris, hors grande couronne, hors métropoles, il envoie quatre-vingt dix députés à l'Assemblée, et avec quelles réactions ?

Si peu. Aucun son du clairon, pour repartir à l'assaut, avec de l'envie, et avec une stratégie. C'est le vide qui résonne, pour l'instant. Il y a, au contraire, dans l'air, comme un parfum d'abandon.

Comme des justifications, morales, intellectuelles, de l'abandon.

3.

J'entends que « de toute façon, ces électeurs sont racistes », sous-entendu perdus à jamais, à quoi bon se casser le tronc ? J'entends que « ces territoires, ces habitants, n'ont jamais assimilé la démocratie, la République ». J'entends que « cette France est isolée, repliée sur elle-même, sur le passé, toute la journée devant sa télé, éloignée des réseaux sociaux… » Mais de quels territoires, de quels habitants parle-t-on ? Du Nord, qui fut le cœur battant de la gauche, le creuset du socialisme français ! Du Pas-de-Calais et de ses mineurs qui, durant un siècle, ont porté le mouvement ouvrier ! De la Picardie égalitaire, qui offrit à la Révolution Condorcet, Camille Desmoulins, Saint-Just, Robespierre, Gracchus Babeuf ! Des Hauts-de-France (nom que je récuse, mais bon…) qui, les années de victoire, 1981, 1988, 1997, comptaient plus de quarante députés de gauche, la carte électorale presque entièrement rose ou rouge ! Qui, les années de défaite, résistaient encore, envoyaient un paquet d'opposants au Parlement : 30 en 1986, 17 en 1993, 26 en 2002, 32 en 2007… Voilà les terres, les esprits, qui seraient désormais, intrinsèquement, ou définitivement, « fachos ». Ces jugements signent surtout notre renoncement.

J'entends, en même temps, et des mêmes, qu'il n'y a « pas de déterminisme géographique », qu'« il ne faut pas opposer quartier et campagne ». Soit, et c'est tout mon but, de ne pas opposer quartier et campagne, de les faire marcher main dans la main, de les ajouter l'une à l'autre. Mais aujourd'hui, ce sont les chiffres, ce sont les résultats électoraux, qui les opposent. D'après Elabe, Jean-Luc Mélenchon fait 24 % en agglomération parisienne (+8 points comparé à 2017). Contre 14 % dans les communes entre 20 000 et 100 000 habitants (-7 points). À Arras, à Tourcoing, à Beauvais, dans cent lieux, les candidats insoumis gagnent dans la grande ville... mais perdent à cause des villages alentours.

Cette tension, ma circo en offre un reflet, un cas chimiquement pur. À la présidentielle, Jean-Luc Mélenchon arrive en tête à Amiens, avec plus de 30 %. Il caracole dans les quartiers, plus de 60 %. Mais il plonge ici, à Flixecourt, à 15 %... là où Marine Le Pen grimpe à 45 %.

Après mille mini-ressentis, cent interpellations, nous avons mené deux campagnes : une avec Jean-Luc, et l'autre sans. Dans les immeubles d'Amiens-Nord, la tête à Mélenchon, en bien gros, sur les tracts, c'était le succès presque assuré, son nom servait de passe-partout, une icône, l'étendard d'une dignité retrouvée. Mais dès qu'on s'éloignait, pour le dire avec un euphémisme, cette affection n'était guère partagée, et mieux valait le gommer de nos affiches, de nos documents.

J'en ai parlé, depuis, avec d'autres députés, des vainqueurs en province. Eux aussi ont pratiqué la « double campagne » : JLM bien en avant dans les cités, en retrait dans les zones pavillonnaires.

J'entends que « cette analyse est trop simpliste », que « "la campagne", le singulier ne va pas, il y a "des campagnes" », que « l'expression France périphérique est minée », et tout cela est vrai, j'en conviens. Les mots me manquent, à moi aussi, je tâtonne : préfèrera-t-on « Frances périphériques » au pluriel ? « France des ronds-points » ? « France des Gilets jaunes » ? Ou, pour reprendre du Braudel, « la France des bourgs » ? Je voudrais bien raffiner, distinguer entre le « rural choisi » et le « rural subi », entre le « nord déchristianisé » et l'« ouest encore sous influence catho », oui, je finasserais volontiers. Mais avec quel but, au bout du bout : noyer le débat, ou le trancher ? Se croiser les bras, ou agir ? Ergoter sur la « complexité du monde social », ou se retrousser les manches ?

J'entends que « c'est le social qui domine, plus que la géographie ». J'en suis bien d'accord. Sauf que, en l'occurrence, le social a produit la géographie : la lutte des classes est aussi une lutte pour l'espace. Que s'est-il passé, côté foncier ? Le prix du mètre carré, loué ou acheté, mais aussi l'appel du pavillon, de la petite maison, ont poussé, repoussé, les familles d'ouvriers-employés hors des métropoles.

Ainsi, avant la fermeture du fabricant de pneus Goodyear, j'avais mené une enquête auprès des mille et quelques salariés : seuls un quart d'entre eux habitaient à Amiens même, et à peine plus, un tiers, dans la « communauté d'agglomération » (qui s'étend pourtant jusqu'à 16 kilomètres du centre). La plupart donc, la très large majorité, les deux tiers, logeaient, non pas dans les quartiers HLM, pas davantage dans des communes alentour, mais carrément dans les campagnes, à Beauval, à Fouilloy, à Hangest, dans un rayon de 30 kilomètres autour de l'usine. Justement là où nous perdons.

J'entends, enfin, dans la presse, que c'est parce que « François Ruffin a bien travaillé », que « là où les insoumis travaillent, ils l'emportent ». Mais ce bon point pour élève modèle, je le refuse, je refuse que mon élection soit utilisée à cette fin : faire briller l'exception pour masquer la règle. Parce que, avec des moyens humains, financiers, hors norme, nous sommes parvenus à remonter la pente, voilà qui annulerait cette pente. Avec cet implicite, absurde : si des régions entières passent sous influence RN, c'est juste parce que les militants ne « travaillent pas ». Ce serait de la faute aux petits soldats.

4.

Je veux rendre hommage, ici, à Jean-Luc Mélenchon : la gauche est debout, sur ses deux jambes, une rouge, une verte, et c'est grâce à lui. Voilà sa gloire, voilà la trace qu'il laissera : l'histoire continue, le fil n'est pas rompu. Il s'est arraché à sa famille, à une social-démocratie à l'âme morte, qui n'était plus sociale ni démocrate. Il a tenu la barre, contre vents et marées, contre les mille bouches qui en boucle répètent les mêmes bêtises, et parfois les mêmes calomnies. Il a remis une génération dans le combat politique, et aux minoritaires de toujours, il a fait entrevoir le pouvoir. Sans lui, après les années Hollande, après sa créature Macron, la gauche était liquidée, enterrée. Elle ne l'est pas, loin de là. Elle ne l'est pas parce que, par trois fois, 2012, 2017, 2022, il a ramassé le drapeau en guenilles, et nous avec lui, nous derrière lui, par dizaines de milliers dans les marches, par millions avec un bulletin à son nom dans les urnes.

Et le plus dur fut sans doute cette année : la présidentielle ne devait pas exister, ainsi en avait décidé le président Macron, sa réélection ne serait qu'une formalité, une reconduction automatique. Le moment se prêtait au néant : coincés entre la crise Covid et la guerre en Ukraine, c'était l'idéal pour éteindre l'espérance, pour s'enfoncer dans les eaux sombres de la résignation. Eh bien, grâce à son talent de tribun, d'organisateur, de tacticien, Jean-Luc a rallumé la mèche, une force s'est mise en branle, qui a permis ceci : la gauche n'est pas morte en France. Nous sommes vivants, ouf ! C'est un soulagement. Et même, mieux : la gauche a retrouvé droit de cité dans les cités, mobilisant comme jamais. Les jeunes, des jeunes éveillés, réveillés, se sont tournés vers lui, vers nous. C'est une semence pour l'avenir.

« On ne peut rien contre la volonté d'un homme », affirmait François Mitterrand. Cette campagne, c'est la volonté d'un homme, d'un groupe par lui conduit. Jean-Luc Mélenchon a voulu l'emporter dans les Outre-Mer, La France insoumise a mené cette bataille : nous l'avons gagnée. Jean-Luc Mélenchon a voulu l'emporter dans les quartiers populaires, La France insoumise a mené cette bataille : nous l'avons gagnée. Jean-Luc Mélenchon a voulu l'emporter dans la jeunesse écolo, La France insoumise a mené cette bataille : nous l'avons gagnée.

Voilà les trois défis, remplis.

Je regrette, en effet, qu'il n'ait pas tenté un quatrième pari : la reconquête de la France des Gilets jaunes, des bourgs, des Frances périphériques. Je le regrette et à la fois, je le comprends : c'est dix fois plus d'efforts pour dix fois moins de rendement. Parce que l'habitat y est éclaté, parce qu'il n'y pas d'uniformité, parce qu'un vote Marine Le Pen s'est implanté.

Maintenant, le temps court de la campagne est fini, et nous devons prendre au sérieux son « faire mieux », lancé au soir de notre défaite. « Faire mieux » pour ne pas que, à l'instar des États-Unis, hors minorités, « les pauvres votent à droite », comme le résume l'historien et journaliste américain Thomas Frank. « Faire mieux », oui, pour moi, c'est ici, c'est à Flixecourt, c'est là où nous sommes faibles, c'est là où le RN gagne du terrain, et où il triomphera demain si nous ne faisons rien.

Sans perdre Amiens-Nord, cela va de soi.

Sans négliger les quartiers, les jeunes, les métropoles.

Sans soustraire, en additionnant.

Mais je demande à la gauche, à toute la gauche : quel est notre diagnostic ? Est-ce qu'on en fait une priorité ? Ou vit-on dans le déni ? Ou choisit-on un abandon qui ne dit pas son nom ?

5.

Reconquérir ces terres ouvrières, ne pas les lâcher, c'est pour moi un devoir moral. C'est ma fidélité.

Pourquoi ai-je lancé *Fakir*, il y a 23 ans, en Picardie? Parce qu'à l'époque, j'assistais dans ma ville à des délocalisations en série, parce qu'à l'époque, un Premier ministre socialiste n'osait plus prononcer le mot « ouvrier », parce que je voyais les gens de chez moi, de mon coin, crier leur colère avec Le Pen père.

Pourquoi je fais des articles sur le camping, des discours sur les clubs de foot, des films sur les auxiliaires de vie? Pour donner à voir cette France-là, dans sa lumière aussi, pour la représenter.

Pourquoi me suis-je engagé, plus directement? Pour être « l'anti-Terra Nova ». À l'automne 2011, avant la présidentielle, ce *think tank* « progressiste » recommandait au Parti socialiste une « stratégie centrale "France de demain", une stratégie centrée sur les valeurs », avec « 1. Les diplômés. 2. Les jeunes. 3. Les minorités ». Tandis que les ouvriers seraient laissés au Front national : « Le FN se pose en parti des classes populaires, et il sera difficile à contrer. » Inutile même d'essayer…

Cette note, je l'avais découverte avec moins de colère que de soulagement. Au moins, la couleur était affichée, affirmée, on sortait de l'hypocrisie. Et après Florange, après Gandrange, dans une Lorraine cent fois trahie, François Hollande la traduirait d'un sommaire : « Perdre les ouvriers, ce n'est pas grave. »

Eh bien si, c'est grave : c'est perdre plus que « des segments », son âme.

C'est un devoir moral, donc.

Mais c'est aussi, selon moi, un devoir électoral.

Quand l'emportons-nous, dans notre histoire ? Lorsque les classes populaires se joignent à la « petite bourgeoisie culturelle », aux « éduqués », aux « classes intermédiaires », nommez ça comme vous voudrez. Et c'est à cette lumière que je relis nos grandes dates.

Qu'est-ce que 1789 ? C'est le peuple des villes qui prend la Bastille, le peuple des champs qui produit la grande peur, et au Parlement la bourgeoisie éclairée, des avocats, des petits propriétaires, qui représentent le tiers état. Et c'est ce trait qui la rend unique, redoutable, cette Grande Révolution, peut-être « bourgeoise » dans sa fin, mais « bourgeoise » et « populaire » tout du long : six années de jonctions, de frictions, d'alliances, d'espérances, de rapprochements, de déchirements, entre ces classes.

Qu'est-ce que 1936 ? Ce sont les intellectuels, qui refusent le fascisme en France, et les prolétaires, qui conquièrent la semaine de quarante heures et les congés payés.

Qu'est-ce que mai 68 ? C'est un printemps étudiant et un printemps ouvrier, chacun de leurs côtés, certes, mais en même temps, voilà sa force, voilà le signe particulier du « mai 68 français ». Jamais, de toute façon, jamais, même dans les instants magiques, épiques, jamais les barrières de classes ne tombent, abolies, toujours elles subsistent. La limite, plutôt, en ce joli mois de mai, c'est que la révolte se déroule dans la rue, mais ne se prolonge nullement dans les urnes.

Qu'est-ce que mai 81 ? C'est la même union, mais cette fois dans les urnes et nullement dans la rue, des « deux cœurs sociologiques de la gauche », les intellos et les prolos. Qui votèrent à 74 % pour François Mitterrand au second tour de l'élection présidentielle...

Or, notre gros souci, aujourd'hui, c'est que ce « bloc historique » est traversé d'un double divorce : l'un, entre classes intermédiaires et classes populaires. L'autre, interne aux classes populaires, entre enfants d'immigrés dans les quartiers et « blancs » des Frances périphériques. Sans rassembler tout ça, c'est pas la joie...

Le total gauche à la présidentielle, Artaud et Poutou compris, franchit avec peine les 30 %.

Le total gauche aux législatives s'élève à 28,8 %. C'est 1,3 % de mieux qu'en 2017, certes, avec de beaux groupes à l'Assemblée. Mais ça reste le deuxième pire score sous la Ve République, même les années de défaite : 43 % en 1986, 37 % en 1993, 35 % en 2007, etc.

Alors, comment espère-t-on être majoritaire demain sans cette majorité ? Sans « contrer le Rassemblement national », sans contester son hégémonie, sans devenir, redevenir, à sa place, « le parti des classes populaires », de toutes les classes populaires, et pas d'une moitié seulement ?

ZOUBIR ET SES FRÈRES (1)

Les « cas soc' » de Minawar

Dans son HLM, Minawar est cerné par les « cas soc' ». Les « cas soc' Lensois », à l'étage au-dessus. Les « cas soc' parisiens », à gauche et en dessous. Et lui au milieu, l'irréductible « Marseillais » (non cas soc'). Le bas de son immeuble offre, d'après lui, une bonne panoplie de « cas soc' » : les fumeuses, les enceintes, les picoleurs, les handicapés, etc. Rare qu'il franchisse l'entrée sans une bordée de menaces : « Espèce de cas soc' ! Viens dans le jardin de mon père. Si t'es un homme, on règle ça aux poings, on verra qui revient ! » Aussitôt pénétré son appartement, il livre à son frère Zoubir une histoire de « cas soc' », un qui « s'est plaint des “bougnouls”, dans un kebab, Garbi l'a démonté, droit à l'hosto. Les vis, les boulons, sa prothèse à la hanche, ils ont dû tout remonter comme Robocop. »

C'est que l'inquiétude monte comme un fleuve en crue. Il touche à la trentaine, maintenant, avec une femme et trois enfants, et toujours pas d'emploi. Les missions d'intérim se raréfient. Elles ont disparu même. Rien depuis six mois. Aucun salaire ne tombe, juste les allocs et le RMI. Alors, entre « eux les cas soc' » et « moi le chômeur involontaire », il construit des digues verbales. Bien fragiles.

Lui : Ils me dégoûtent, tous ces cas soc', tu les as vus...

Nadia, son épouse, le taquinant : Pourquoi tu les attaques ? On est quoi nous ? Nous aussi, on est des cas sociaux !

Lui, s'énervant : Arrête tes conneries ! Arrête ! Arrête !

Nadia : Pourquoi on serait pas des cas sociaux ? On vit avec la CAF, nous aussi !

Lui : Arrête de raconter des conneries !

Plus l'écart se réduit, plus il leur voue sa rancœur, plus s'en distinguer devient urgent. C'est qu'il n'a pas renoncé, Minawar, pas encore. Il ne s'abandonne pas, pas complètement, à la fatalité et à l'État-providence. Il lutte toujours. Il répond aux annonces, placardées dans les magasins. Il adresse des courriers, joint des CV, sans réponse, tourne comme un lion en cage. Le mur, se heurter au mur, entre quatre murs.

Extrait de *Quartier nord*,
François Ruffin, Fayard, 2006.

Les dégâts du grand trauma

6.

Comment « contrer le Rassemblement national » ?

Comment, chez moi, a-t-il gagné du terrain ?

On pourrait répondre par les services publics qui s'éloignent, par l'exclusion numérique, par le poids de la voiture, par la crise d'identité, par le mépris de chasse, etc. Mais c'est sur les débris du travail que le Front a prospéré, sur le champ de ruines des usines.

Il faut repartir de là, toujours : de la grande catastrophe.

Je suis né en 1975 : le textile atteint alors, dans la Somme, son pic de production. D'Amiens à Abbeville, en passant par Ailly, Saint-Ouen, Flixecourt, les usines de Boussac-Saint-Frères, ses immenses bâtiments de briques rouges, avalent chaque matin des milliers d'hommes, de femmes surtout. Ils seront bientôt recrachés. Car d'un coup, c'est la chute. La dégringolade. Oh, pas toute seule, cette chute, cette dégringolade, elle fut bien poussée dans le dos, volontairement provoquée : par les « Accords multifibres », signés en 1974, puis 1977, et 1981. Qui, méthodiquement, organisent la délocalisation vers le sud. Dès lors, dans les années 80, les fermetures se suivent et se ressemblent, les machines déménagent pour le Maroc, la Tunisie, Madagascar. En dix ans, de cet univers de tissages, de filatures, de jute, de velours, il ne reste rien, même plus de quoi faire mille surblouses…

En décembre 1984, c'est le point final : Bernard Arnault rachète l'empire Boussac-Saint-Frères, pour mieux le dépecer, pour n'en garder que Dior. En Lorraine, la même année, les sidérurgistes s'attaquent au château du « maître des forges », affrontent les CRS dans les rues de Paris. Chantiers navals, charbons, acier, automobile, tout passe, pan par pan, à la moulinette des « restructurations ». « Les socialistes font le nettoyage que nous n'avons pas su faire », concède Alain Juppé. Pendant que Laurent Fabius, au terme de son passage à Matignon, se targue d'avoir effectué « le sale boulot, qui n'avait pas été fait avant » : « C'est la gauche et c'est son courage et c'est son honneur de l'avoir fait ».

En même temps qu'il assène ces coups de massue, François Mitterrand change de rôle, et de doctrine. Lui qui, contestataire, dans les années 70, s'emportait contre « les maîtres de l'argent », lui qui s'attaquait au « patronat de droit divin », lui qui défendait l'« OS dominé, opprimé, poussé à la révolte », lui qui entrevoyait « une lutte de classe entre ce petit groupe de privilégiés et la masse des salariés ». Lui devenu président le jure désormais à la télé : « La lutte des classes n'est pas pour moi un objectif. Je cherche à ce qu'elle cesse ! » Le voilà qui endosse l'habit du « rassembleur » : « Se réunissent peu à peu les conditions d'une trêve des classes, et ensuite d'une paix des classes. Et tout mon effort tend, à moi, comme président de la République française, sans oublier rien des différences qui existent, des privilèges et des oppositions, [...] [à] parvenir à réduire cet antagonisme pour réaliser l'union ou le rassemblement des Français pour le redressement national. »

« Tournant de la rigueur » oblige, le chômage allait croître de 25 % en un an. Les premiers contrats précaires dits TUC, Travaux d'Utilité Collective, seraient votés en décembre 84. Pour Noël 85, les « restos du cœur » ouvriraient. Mais tout n'allait pas mal : la part des dividendes triplerait. Autant d'indices, à l'évidence, que « les conditions d'une trêve des classes » sont réunies, que bientôt l'égalité régnerait...

C'était ringard, « la lutte des classes ».

Daté.

Has been.

D'autres clivages allaient aussitôt s'y substituer. En 1984, toujours, à l'occasion des élections européennes, Jean-Marie Le Pen paradait sur FR3 Lorraine: «Ça ne vous paraît pas évident que le nombre de plus de six millions d'étrangers en France est en relation directe avec le fait qu'il y ait trois millions de chômeurs? Ça me paraît évident et ça paraît d'ailleurs évident à beaucoup de Français.» Cette «évidence» gagnait du terrain, en effet: longtemps groupusculaire, le Front national franchissait la barre des 10 %...

« Chacun voit la justice à sa porte. Et ça fonctionne toujours avec des couples antinomiques, assez simples.» C'est Patrick Lehingue, professeur de Sciences Politiques à Amiens qui raisonne ainsi, de façon «assez simple», au bar Le Lutétia: «Il n'y a pas quarante façons, pour les gens, de classer en juste / injuste. Soit c'est le "riche" contre le "pauvre", les "petits" contre les "gros" comme on dit. Soit c'est le "dedans" contre le "dehors", les "jeunes" contre les "vieux".»

À l'unanimité, socialistes, éditorialistes, économistes l'ont déclaré obsolète, le temps des «petits contre les gros». Mais les autres, les laborieux, les insatisfaits, les frustrés, les «pauvres», s'ils ne devaient plus reprendre aux «riches», où allaient-ils les chercher, leurs adversaires? Les profiteurs du système? Les causes de leur malheur, ou de leur peur?

Parmi les malheureux, souvent.

Parmi leurs frères en débine.

On n'en est pas sortis, de ce marécage dans les cerveaux, de ce labyrinthe dans les raisonnements brumeux.

J'oubliais : en 1984 toujours, de jeunes socialistes lancent « SOS-Racisme ». Il y faut du culot : la gauche crée toutes les conditions, économiques, matérielles, pour que l'extrême droite prospère… mais ripoline ça d'une dose de morale. On laisse s'installer le chômage, mais on portera un badge !

7.

Mais ce n'était que la première lame.

Une deuxième lame allait suivre, plus violente encore. Qu'on se penche, simplement, sur deux tableaux produit par l'Insee : les « 30 plus grands établissements au 31 décembre 1996 » pour le département de la Somme, et le même classement « au 31 décembre 2008 ». C'est une enquête simple, et pourtant éclairante, sur le chemin parcouru, en une décennie, ici et je le crains dans toute une France industrielle. Sur une véritable hécatombe. Dans cette liste, on dénombrait encore quinze usines à l'époque. Il en reste sept en 2008. En dix ans, la moitié a disparu de la liste : Flodor (qui a déménagé ses machines en plein mois d'août), la Générale sucrière (qui « réorganise sa production » vers la Silésie), Delsey (« né pour bouger » indique sa pub, et elle a d'ailleurs « créé une *joint-venture* avec les Chinois »), Siège de France (Roumanie). Et le mouvement s'est encore poursuivi : Goodyear est parti, Whirlpool aussi, etc.

C'est un traumatisme qu'ont subi les familles de mon coin. Un traumatisme pour les parents, virés, jetés, parfois à plusieurs reprises d'affilée. Mais c'est un traumatisme, surtout, moins visible, plus lent, pour les enfants : ce sont « de bonnes places », avec des salaires décents, avec un treizième mois, avec un comité d'entreprise, de quoi prendre un crédit, de quoi s'installer dans la vie, qui n'existent plus pour eux. Qui sont remplacés, pour les moins qualifiés, par la galère des intérims, des plateformes logistiques au ras du Smic, des « services à la personne » au rabais. Et encore pire pour les enfants d'immigrés, à la scolarité souvent compliquée, écartés au faciès, sans piston pour entrer dans une boîte ou dans une mairie. Le « marché du travail » s'est resserré, et ils en furent les premiers évincés. À Amiens, la Zone industrielle s'est, sinon écroulée, du moins fissurée, affaissée, et derrière, c'est tout le quartier Nord, adossé à elle, qui s'est dégradé.

L'angoisse s'installe pour tous, une peur qui rôde, de glisser, d'être rattrapé par la précarité, le chômage, la pauvreté. C'est une souffrance, immense, qui s'est insinuée dans le corps social comme un poison.

Comment expliquer, alors, ce silence, cette acceptation de la société ?

C'est que la mondialisation a tracé comme un fil à couper le beurre entre vainqueurs et vaincus : tandis que le chômage stagnait chez les CSP+, il était multiplié par quatre chez les ouvriers non qualifiés, dont les revenus plongeaient (-5 % entre 1984 et 1994). Les ressources des ménages employés ne bougeaient pas (0 %). Les cadres, eux, ne connaissaient pas la même austérité (+13,2 %). Quand les professions libérales ramassaient discrètement le pactole (+ 38,7 %).

Les enseignants, les cadres, la fonction publique, les journalistes, les parlementaires, eux ne furent guère frappés, leurs enfants ne furent pas en première ligne. Aussi ne sont-ils pas, ou pas forcément, les partisans acharnés d'une « mondialisation heureuse ». Néanmoins, ils la tolèrent, ils laissent faire, ils l'habillent de « valeurs », de « multiculturalisme », d' « ouverture à l'autre », voire pointent l'esprit étriqué, xénophobe, des prolétaires. C'est le « passivisme des éduqués », comme le nomme Emmanuel Todd. Avec « la massification des études », avec 20 % du corps social, les « diplômés du supérieur » forment désormais un groupe suffisant pour « se refermer sur lui-même », pour vivre dans un entre-soi, pour se croire la société toute entière. D'autant que dans les partis, dans les médias, dans les mairies, dans les assemblées, départementales, régionales, nationales, et parfois même dans les syndicats, ces éduqués occupent toutes les places, classe hégémonique. Et avec cet « inconscient inégalitaire », au fond, jamais prononcé mais bien présent : l'ordre mondial broie les plus fragiles ? On s'apitoie, certes, mais sans agir. C'est de leur faute, au fond. Ils l'ont mérité. Ils n'avaient qu'à mieux étudier, mieux se former.

Qu'a fait la gauche, face à ça ? Ou même, qu'ont fait les gauches ?

Le socialiste Jacques Delors, à la tête de la Commission européenne, a préparé l'Acte unique, Maastricht, les élargissements à la Pologne, à la Slovaquie... Son dauphin, le socialiste Pascal Lamy, s'est retrouvé à l'Organisation mondiale du commerce. La gauche raisonnable, de gouvernement, a mené une politique économique, commerciale, qui a détruit le monde ouvrier ! Qui a laminé sa base sociale !

Quant à l'autre gauche, elle s'est tournée vers l'altermondialisme, avec des sommets à l'autre bout de la Terre, proclamant « Un autre monde est possible ». Qui ne répondait pas à l'urgence d'ici : les Goodyear, les Whirlpool, les Abélia aspiraient-ils à l'harmonie universelle, à des pays qui se donnent la main et à un « juste échange » ? Sans doute, c'est une perspective que j'approuve, mais en franc décalage avec des attentes plus immédiates : arrêter, tout de suite, ici, maintenant, cette folle machine. Ou du moins la ralentir.

À la place, on a donc joué les pleureuses, d'une délocalisation à la suivante. Les ministres, bien tristes, en promettant « cellule de reclassement » et « plan de revitalisation ». Les révolutionnaires, en colère, défilant dans des manifestations.

Voilà le sketch qui dure depuis quarante ans.

C'est là que le Front national remporte une deuxième fois la mise.

Et l'on ne saisit rien à son enracinement, ici, si on rate cela : dès les années 1990, le FN s'aligne sur cette demande populaire, sur cette exigence de protection. Le parti de Jean-Marie Le Pen, ultra-libéral jusqu'alors, pro-européen, qui regardait Bruxelles comme « un rempart contre le bolchévisme », ce parti bascule avec le mur de Berlin. Aussitôt l'URSS tombée, il se déclare « contre les importations sauvages » et « la concurrence sauvage » : « Afin de rétablir la prospérité économique en France et en Europe, énonce son programme de 1995, il faut contrôler les échanges commerciaux. Cela peut se faire, soit en contingentant les importations aux frontières françaises et européennes, soit en mettant en place des droits de douane équilibrant les écarts de coûts de main-d'œuvre. L'une et l'autre de ces techniques doivent être utilisées, parce qu'on ne traite pas de la même façon l'importation de produits textiles chinois et celle de logiciels fabriqués aux États-Unis ». C'est ainsi qu'il a trouvé un plus large écho, plus

« populo », avant que Marine Le Pen ne creuse encore ce sillon.

D'où ma bataille, et depuis un bail, pour du protectionnisme. D'où ma lutte, au sein de la gauche, de la bonne gauche, pour qui une taxe à 17 % sur les pneus importés de Vietnam relèveraient quasiment du « racisme anti-asiatique », pour qui ce serait « monter les peuples les uns contre les autres », etc. D'où mon combat pour que cette « folie », la mondialisation, soit bridée, régulée, entravée, et non qu'on signe de nouveaux traités, avec la Chine, le Vietnam, le Mexique, la Nouvelle-Zélande, etc.

8.

Ce spectacle, jamais je n'aurais cru le voir.

Ce samedi 17 novembre 2018, les caddies forment une barricade autour du Carrefour. Pour franchir les barrages, je parcours ma circonscription en Harley-Davidson. Flixecourt est coupée par les Gilets jaunes, en deux endroits. À Abbeville, trois ronds-points sont occupés. Plus Camon, où je retrouve mes copains de foot, de Ribemont. Plus Albert, Doullens, Dury…

J'interroge, je questionne.

Ils travaillent dans la logistique, ou perçoivent l'Allocation adultes handicapés, ou sont précaires dans un lycée, ou comme aides à domicile...

Ce sont les mêmes, les mêmes que j'interroge, que je questionne depuis vingt ans. Sauf que, aujourd'hui, ils sont dehors, ensemble. Sauf que, aujourd'hui, ils se révoltent : « Comment je vais remplir ma cuve de fioul ? Comment je vais me chauffer cet hiver ? Il peut m'expliquer ça, le roi Macron ? »

Pour la première fois, une « France périphérique », d'habitude dans l'ombre, se pousse dans la lumière. Pour la première fois, ces « périphéries aphones », éloignées des médias, prennent la parole, mettent des mots sur leurs maux, même dans la confusion. Pour la première fois, les isolés se rassemblent sur les ronds-points, portent du collectif, même bizarroïde, guère uniforme. Pour la première fois, ces résignés sont traversés d'une espérance, d'exister, de compter sur la scène publique, de n'être plus des « gens qui ne sont rien ».

Mais comment furent-ils accueillis ? Ils furent, dans les discours présidentiels, méprisés, disqualifiés, sortis du champ de la République. Leurs cabanes furent passées au bulldozer, les traces de leur mouvement effacées, et leurs corps malmenés, violentés, crânes fendus, yeux éborgnés, bras amputés. Enfin, plutôt que de proposer un compromis, leurs revendications, sociales (TVA à 0 %), fiscales (retour de l'ISF), démocratiques (référendum d'initiative citoyenne), ces revendications furent noyées dans le blabla du grand débat.

Avec ce mouvement massif, populaire, Macron a cru s'en tirer ainsi, à bon compte. Mais le refoulé revient toujours, et souvent par le pire des biais. Le ressentiment, la résignation, l'abattement, déjà bien présents, se sont accrus. Et ils ont servi de ferment, un ferment de plus, pour la défiance. Il a nourri la bête.

Voilà, pour moi, la responsabilité majeure de Macron dans la montée récente de Rassemblement national : cette « crise » – « action de décider », en grec – cette crise des Gilets jaunes, c'était le moment de crever un abcès. C'était l'opportunité de recoudre la Nation. Au contraire, plutôt que d'en faire une libération, le pouvoir a préféré la réprimer. Dessous, le pus pourrit.

9.

Un lien, un lien presque affectif, s'est renforcé également au fil des années.

« Facho. »

Ce mot a résonné, à plusieurs reprises, déjà, à l'Assemblée, provenant de nos rangs, destiné à ceux d'en face. Et aussi, « la châtelaine de Montretou ». Plus une saynète, sur la place du Palais Bourbon, Marine Le Pen se mariant avec Emmanuel Macron. Des camarades mettent ainsi beaucoup d'allant, de talent, à combattre le Rassemblement national là où il menace peu. Sur ces gestes, je m'interroge toujours : quelle est l'efficacité de tout ça chez moi ? Comment des gens qui vont mal, socialement, économiquement, croiraient-ils que Mme Le Pen ou son père, qui n'ont jamais gouverné le pays, sont responsables de leurs malheurs ?

Surtout, entre les univers populaires et les Le Pen, le politiste Patrick Lehingue parle d'une « homologie de position ». C'est-à-dire que les ouvriers-employés, qui se sentent marginalisés, ostracisés, dans l'espace social, se reconnaissent dans une Marine Le Pen, marginalisée, ostracisée, dans l'espace politique. Ils s'identifient à elle. Qu'importe le fossé de classe, qu'elle soit millionnaire, qu'elle habite un château : le mépris qu'elle subit, c'est le leur. D'autant plus avec une gauche, souvent super-éduquée, perçue comme donneuse de leçons, maniant les grands mots en « -isme », savourant ses grandes idées, mais moins à l'aise dans le concret.

Sans compter, donc, maintenant un attachement. Que la Vierge Marine apparaisse dans la Somme, à Roye, à Péronne, sur un marché en Normandie, à Blangy, et partout c'est une pluie de selfies. Ces petits bleds, ces sous-préfectures, ces parkings de centres commerciaux, ces restaus pour routiers, où les autres ne mettent jamais les pieds, elle s'en régale. Elle grimpe dans un camion, elle appuie sur le klaxon. Elle se montre dans nos paysages.

L'offenser, à la limite, c'est la renforcer, c'est consolider ce lien.

Depuis près de dix ans, j'ai choisi un autre moyen: je suis devenu, sans doute, le plus fervent lecteur des discours économiques du Front national. Un peu maniaque, même: je me suis rendu à la Bibliothèque nationale de France, pour remonter à sa fondation, en 1972. Et aux archives départementales du Pas-de-Calais, pour retrouver les tracts de Marine Le Pen à Hénin-Beaumont. Un trou m'apparaît, et qui me semble leur talon d'Achille: même lors de son «virage social» en 2012, le mot «inégalités» ne figure jamais. Ni «inégalités de revenus», ni «inégalités dans l'accès au logement», ni «inégalités face à l'école», ni «égalité» d'ailleurs. Les «classes», bien sûr, sont absentes, tout comme les «injustices sociales». Il n'y a pas de «riches», pas de «pauvres». La «pauvreté» n'est pas mentionnée, ni la «précarité». Qu'énonçait ce parti sur l'«intérim», par exemple, passage obligé pour la jeunesse populaire? Rien. Quoi sur les «stages» à répétition? Rien. Quoi, à l'autre bout, sur les «dividendes»? Rien. Pas plus qu'«actionnaire». C'est une faille, je crois, une faille où nous pouvons nous engouffrer: ils sont nombreux, nombreuses, même parmi ses électeurs, les hommes et les femmes soucieux d'égalité, de justice. Nous pouvons les toucher.

Il y a au Rassemblement national, bien sûr, les « identitaires », les « natios » à tout va, les racistes qui s'en cachent ou pas, les héritiers de l'Algérie française, tous les nostalgiques de la France blanche et chrétienne. Qu'ils soient à droite, très à droite, c'est juste logique : ils s'inscrivent dans une tradition inégalitaire, d'inégalités entre les races, d'inégalités entre les classes, d'inégalités entre les genres. Dans ces rangs, inutile de s'échiner à convaincre : il faut juste les battre.

Le souci, en revanche, c'est que le vote RN mord, et même dévore, dans des pans égalitaires du pays. Le sociologue Jean-Yves Dormagen, initiateur de l'institut « Cluster 17 », a ainsi repéré trois groupes : les « Réfractaires », les « Euro-sceptiques », les « Sociaux-patriotes », trois groupes qu'il décrit comme « de gauche économique, attachés à l'égalité, ayant longtemps voté à gauche », mais trois groupes où Marine Le Pen est désormais largement majoritaire (53 %, 58 %, 52 %, contre 16 %, 22 %, 14 % pour Mélenchon). Ces « fâchés pas fachos » ne viennent pas chez nous : ceux-là, oui, je veux les retrouver, et les retrouver par l'égalité.

10.

J'ai bien sûr épluché la cuvée 2022 de Marine Le Pen : « M la France. »

Control F + « profits » : 0 occurrence.

« Bénéfices » : 0 occurrence.

« Dividendes » : 0 occurrence.

Alors que, en un an de crise sanitaire, les milliardaires français se sont enrichis de +67 %, pas un mot dans son « Projet présidentiel ». Alors que, avec la guerre en Ukraine, le CAC 40 bat les records de tous les temps : pas un mot, à nouveau. Alors que, d'après les « OpenLux », 15 000 Français, les plus riches bien sûr, Hermès, Mulliez, Arnault, cachent leurs millions au Luxembourg, 100 milliards en tout, l'équivalent de 4 % de notre PIB : pas un mot, toujours.

Pourtant, elle se montre martiale : « Présidente de la République, je ne laisserai plus les Français être volés par ceux qui, depuis tant d'années, minent la prospérité collective en toute impunité. » Mais à qui s'attaque-t-elle ? Aux firmes, à Total, Sanofi, Stellantis, qui paient zéro euro d'impôt sur les sociétés en France ? Non, à la « fraude sociale », qui aura son « ministère dédié », avec « autorité sur toutes les administrations compétentes », avec « des cartes vitales biométriques », avec des « corps d'inspection spécialisés », avec des « prérogatives de police judiciaire », avec des « suspensions temporaires de droits sociaux», etc. Une page entière est accordée à ce «fléau». Voilà l'injustice vécue par l'ensemble de nos compatriotes, dont les plus modestes sont les premières victimes.

Et elle vise juste.

En plein dans le mille.

Elle gagne là-dessus, aujourd'hui, j'en suis convaincu: sur le «chimère rêve d'assistanat», comme elle cause.

Au porte-à-porte, sans cesse, nous sommes renvoyés à cette «injustice»-là, au voisin qui ne fait rien, au jeune qui ne se lève pas, aux «cassos» qui ne se lavent pas. Ces supposés profiteurs du système. Et nos bons citoyens qui paient pour tout ça, pour ces paresseux, suggèrent, à leur tour, de «se mettre au chômage», «de ne plus rien glander», «puisque c'est comme ça». C'est un écœurement puissant, quotidien, que suscitent ces «profiteurs du système».

Des sondages en témoignent: «Qui sont vraiment les privilégiés?», demande l'Ipsos. En haut ou en bas? Chez les électeurs RN, ils sont 74 % à considérer que «les riches ne participent pas assez à la solidarité nationale», 84 % à trouver «les inégalités en matière de richesses excessives». Des scores élevés, égalitaires, nettement plus proches des sympathisants de gauche (Insoumis, Socialistes) que de droite (Marcheurs, Républicains). Mais qu'on les sonde sur «On évolue vers trop d'assistanat», et le clivage ressort : à 74 % ils tranchent pour le « oui », dans les mêmes proportions que les Marcheurs (69 %) ou les Républicains (85 %). Contre 22 % chez les Insoumis, 40 % chez les Socialistes. Voilà la question qui sépare. Et au total, « lutter contre l'assistanat » est portée comme une « priorité » par 71 % des Français…

Voilà qui rappelle le « jeu du bien public », évoqué par Pablo Servigne :

« Autour d'une table, on réunit un petit groupe de participants. Chaque joueur reçoit une somme d'argent, et ils peuvent contribuer à un pot commun, qui se trouve au milieu. À chaque tour, les chercheurs prélèvent le contenu du pot, ils doublent la somme, et ils la redistribuent à parts égales, quel que soit le niveau de participation. Donc, si chacun mise, ça roule, tout le monde y gagne. Mais si certains misent peu, ou rien, eh bien les altruistes, qui ont cru au collectif, ils en sortent perdants…

Eh bien, en moyenne, les joueurs placent la moitié de leur pécule, la moitié, même lorsqu'ils ne se connaissent pas. Ils font largement confiance. Mais toutes les expériences témoignent de la même dynamique : au bout d'une dizaine de tours, les mises s'effondrent, les participants cessent de contribuer au pot commun, avec des niveaux proches de 0 %. Chacun décide de garder ses billes. Pourquoi ? Parce qu'ils constatent que, dans le groupe, des joueurs ne s'en sont pas privés. Il suffit d'un gars, d'une fille, d'une poignée, et ça suscite du dégoût, on l'a analysé dans des zones du cerveau.

Au onzième tour, des scientifiques ont dit: "On va mettre une nouvelle règle, vous avez le droit de punir un égoïste. Vous pouvez lui retirer ses gains." Aussitôt, les niveaux de coopération regrimpent à 80 %, 90 %, presque 100 % ! Même, les gens sont prêts à payer pour punir les égoïstes !»

11.

Que répondre, alors ? Comment faire face à cette déferlante ?

Par expérience, inutile de contester, on ne fait que s'enliser.

Tous ont un cas, un cas bien réel, un cas de proximité, un cas qu'ils connaissent fort bien, le fils du voisin du dessous, le cousin du beau-frère, Untel allocataire du Secours populaire, un cas qui les obsède, un cas qu'ils ne lâcheront pour rien. Plus vous démentez, idéologiquement, plus ils argumentent, très concrètement, avec des chiffres, des agendas, des précisions et des détails. Vous entrez dans une guerre de tranchées que vous perdrez.

Mieux vaut détourner, en revenir aux vrais « profiteurs du système » :

« Votre salaire a triplé ? Votre retraite aussi ? Non ? Ah bon, pourtant les grandes fortunes ont triplé sous Macron… »

C'est l'essentiel, pour nous, de ramener à cette Injustice à majuscule, aux hyper-riches sur leur Olympe.

« Vous pouvez compter avec moi jusque trois ? Un… deux… trois… Durant ces trois secondes, Jef Bezos, le patron d'Amazon, s'est enrichi de 10 000 euros… Il a gagné autant que Hayat, ma suppléante, accompagnante d'enfant en situation de handicap, en une année… »

Ça marche, je crois.

Ça a marché.

« Et en plus, Amazon ne paie pas d'impôt sur les sociétés en France ! Ils échappent même à la TVA ! Vous croyez que votre boulanger du coin peut tricher comme ça ? »

Le plus souvent, j'obtenais des « Ah oui oui, vous avez bien raison », avec le sourire, comme si ma piqûre de rappel les soulageait. C'est que les hommes, les femmes, sont habitées, il me semble, partout, d'un désir de justice. Encore plus, peut-être, les Picardes et les Picards – que Todd décrit, dans son analyse des structures familiales, comme « le cœur du bassin égalitaire ». Et dès que le débat en revient à cette Inégalité, à cette immense Inégalité, nous avons des chances de gagner. À vrai dire, ma conviction, c'est que c'est notre seule chance.

L'ennui, c'est que cette Inégalité est devenue invisible.

Je m'explique.

Tout autour de Flixecourt, sur les collines, se dressent encore les châteaux de la famille Saint, qui contrastaient avec les taudis des ouvriers. De même, au cimetière, la famille Saint était enterrée dans de belles chapelles, tandis que les ouvriers étaient inhumés à même la terre. Et dans l'église, des grilles dorées séparent le carré de la famille Saint, aux sièges matelassés, d'avec la plèbe ouvrière et ses chaises en paille. Tous les jours, les travailleurs apercevaient où « partait l'argent », leur plus-value, la part qu'on leur volait. Et parmi les salariés, il y avait des Français, des Polonais, des Portugais, des « familles tuyaux de poêle » – les « cassos » de l'époque –, on se chamaillait souvent, on se battait même, mais la grande division demeurait entre « Eux » en haut et « Nous » en bas, « Eux » et leurs manoirs, leurs manières, « Nous » et nos corons en terre battue. D'ailleurs, les manifestations se terminaient devant leurs demeures qui, à l'occasion, brûlaient.

Notre gros souci, donc, c'est que l'univers des riches est devenu invisible. Les espaces géographiques du Capital et du Travail se sont dissociés : Bernard Arnault dispose d'un hôtel particulier à

Paris, d'un autre à Courchevelle, d'une villa à Saint-Tropez, d'un appartement à New-York, d'une île dans les Caraïbes… Mais qui le sait? Qui le voit? Personne à Flixecourt. Ne restent que les inégalités de proximité.

Voilà notre rôle politique, majeur: réactiver ce conflit, l'illustrer, le renouveler, ne pas le lâcher, le marteler. Contre «ceux qui se gavent», comme l'énonçait Mélenchon en 2017.

12.

Et pourtant, cette seule réponse, du «Haut» vs le «Bas», ne suffit pas.

Dès que nous aurons disparu, dès que les militants auront tourné le dos, l'Injustice à majuscule s'effacera des cerveaux. L'injustice à minuscule, elle, demeurera, obsédante.

Il faut donc s'y attaquer.

Et voici comment, selon moi: non pas, par le bas, par des fouilles et des enquêtes, menées par des inspecteurs spécialisés sur les allocataires. Mais au contraire, par le haut: la gauche doit renouer avec des droits universels. Des droits pour tous. Des droits sans conditions, sans obligations de misère, sans formulaires à délivrer. Des droits qui vaillent aussi bien, à égalité, pour Katia, mère célibataire au chômage de Vignacourt, que pour Hélène, fille d'agriculteur. Et même pour Bernard Arnault !

Quelles sont nos grandes conquêtes, nos magnifiques constructions ? C'est l'école, gratuite pour toutes et tous, des plus modestes aux plus aisés. C'est la Sécurité sociale, toutes et tous donnant selon leurs moyens, toutes et tous se soignant selon leurs besoins. C'est la retraite, qui a couvert toutes et tous les salariés, qui a divisé par quatre, en une génération, le taux de pauvreté chez les personnes âgées.

Pour toutes et tous. Alors que, aujourd'hui, les « progrès », des rustines en vérité, ne valent que pour des fragments de la société, pour les plus en difficulté : la Couverture Maladie Universelle, le Chèque énergie, le Zéro reste à charge, le Pass'sport, l'Allocation de rentrée scolaire, la prime de Noël, etc., avec une jungle de critères sociaux à remplir et de justificatifs à fournir, de cases à cocher, de seuils à ne pas dépasser.

Pour « inclure », bizarrement, on exclut. On trie. On trace une ligne.

Ça me rappelle une anecdote.

À son arrivée à Matignon, en juin 1997, Lionel Jospin conditionne les allocations familiales : au-dessus de 25 000 francs par mois, les foyers ne toucheront plus rien. C'est une œuvre de justice, estime la gauche plurielle : les plus riches n'en ont pas besoin. Auteuil-Neuilly-Passy se révoltent, Versailles aussi, la Manif pour Tous avant l'heure. Mais, plus inattendu, les familles catholiques, bourgeoises, sont rejointes par… le député communiste de la Somme Maxime Gremetz ! La presse se moqua de lui, et moi avec.

Jusqu'à un échange avec Serge Halimi, journaliste au *Monde diplomatique* : « Tu as tort de le railler. Aux États-Unis, ça s'est déroulé exactement comme ça : les plus aisés furent écartés de la sécurité sociale. Après tout, ils pouvaient se la payer. Mais du coup, au fil des années, comme ils ne touchaient rien, ils ont cotisé de moins en moins. Le système pour pauvres est alors devenu un pauvre système. »

Un chèque alimentation locale ? Pourquoi pas, mais pour tous.

Une allocation jeunesse ? Pourquoi pas, mais pour tous.

Un service de la petite enfance ? Pourquoi pas, mais pour tous.

Nous devons retrouver l'universel, qui n'exclut pas l'inclus, qui inclut l'exclus.

13.

Enfin. Enfin, et surtout : le travail.

Là encore, le travail *pour tous*.

Le travail digne, qui donne une dignité.

Que reste-t-il de la gauche quand, massivement, les travailleurs, et les plus modestes des travailleurs, ne la ressentent plus comme leur avocat, leur défenseur ? Quand ils affirment : « Je ne peux pas être de gauche, je suis pour le travail » ? Quand ils énoncent des bizarreries : « C'est bête mais, moi qui ne fais pas beaucoup de politique, dans Parti "socialiste", il y a "social". Alors, j'ai toujours pensé que c'était pour les "cas sociaux". Pas pour les travailleurs... » ?

La gauche est associée au RMI, aujourd'hui, plus qu'aux congés payés. Les uns relèvent de l'histoire, oubliée, méconnue, du temps de nos arrières grands-parents, des expos avec photos en noir et blanc. L'autre, devenu RSA, appartient au contraire au quotidien, il a la tête de Pierre, Paul, Jacques et Nadia. De « parti des salariés », nous voilà, dans l'esprit commun, le « parti des assistés ».

« C'est du travail forcé ! »

Avec son cynisme coutumier, jouant avec le pire, Macron envisage de mettre le RSA sous condition, avec des heures d'activité obligatoires. C'est comme un piège qu'il nous tend. Nous sautons dedans à pieds joints, protestant contre le « servage », et sur les réseaux sociaux l'« esclavage ». Ce piège va se refermer sur nous, avec les mâchoires d'une opinion qui plébiscite déjà cette mesure. Mieux vaudrait le retourner, ce piège : quels moyens ont mis l'État, les départements, pour le « I » de « insertion » dans RMI ? Pour le « A » de « active » dans RSA ? Aucun, ou presque. On a distribué des chèques, sans accompagnement, on a assuré la survie, sans épauler pour la vie. Une solidarité très « passive », à rebours des intitulés. Et du « travail », il en faut, pour eux, pour tous, mais pas 15 h, pas à 863 € : à temps plein et salaire plein.

Il y a, oui, dans des pans énormes des classes populaires, et même intermédiaires, une « morale de l'effort », comme le décrit le sociologue Olivier Schwartz dans son étude sur *Le Monde privé des ouvriers*. C'est « toute une vision du travail et du faire », avec « cette figure un peu héroïque » qui, certes, « renvoie plus à un fantasme qu'à une réalité », mais qui pourtant conserve « sa prégnance en tant que référence morale. » Contre *Le Droit à la paresse* de Lafargue, la maxime biblique l'emporte : « Tu gagneras ton pain à la sueur de ton front… »

Et il y a, aussi, la fierté, la fierté du travail accompli. C'est la coiffeuse qui, dans le miroir, montre la coupe à sa cliente. C'est l'électricien qui, les fils branchés, vérifie que la lumière s'allume. C'est l'informaticien qui, dans un alignement de 0 et de 1, a trouvé le chaînon défaillant. C'est le maçon qui recule d'un pas pour regarder son mur. C'est le repos mérité, la première gorgée de bière chaude qui, à l'apéro venu, n'a pas le même goût selon que la journée fut vide ou bien remplie. Ça paraît gnangnan. Mais c'est du sens courant. Dit autrement, c'est le sentiment d'avoir un rôle dans la société, ou d'en être privé, d'être laissé de côté, inutile au monde.

Dans l'estime de soi, dans la définition de l'identité, dans le regard des autres, le travail demeure central.

Il nous faut reprendre le travail.

La crise du Covid en était l'occasion.

Qui a sauvé le pays, alors ? Qui a maintenu « la continuité des services de la Nation » ? Qui a soigné les personnes âgées, sans masque, sans blouse, sans gel ? Qui a approvisionné les rayons des supermarchés ? Les travailleurs, les caristes, les aides à domicile, les soignants bien sûr, les livreurs, les agents d'entretien, les agriculteurs, les ouvriers de l'agroalimentaire, les chauffeurs-routiers… Des métiers souvent méprisés, mal payés. Quand tout s'arrêtait, eux continuaient. Ils formaient, ils forment, la colonne vertébrale de notre survie, plus que les start-uppers, plus encore que les actionnaires.

C'était flagrant.

Tellement flagrant que même le président l'a remarqué, même lui a connu une épiphanie :

« Il faudra se rappeler, discourait-il, il faudra se rappeler que le pays tout entier repose aujourd'hui sur ces femmes et ces hommes que nos économies reconnaissent et rémunèrent si mal.»

Et il ajoutait, citant la Déclaration universelle des Droits de l'Homme: «"Les distinctions sociales ne peuvent être fondées que sur l'utilité commune". Ces mots, les Français les ont écrits il y a plus de deux cents ans. Nous devons aujourd'hui reprendre le flambeau et donner toute sa force à ce principe.»

L'élection présidentielle se déroulait dans la foulée. On pouvait s'attendre, espérer, qu'elle vienne placer le travail, les travailleurs, au cœur du débat, au centre de nos choix, pas seulement par des propositions, par un catalogue de mesures, par une liste de revendications, mais physiquement, sensuellement, en le donnant à voir, à entendre. Quand, pourtant, durant la campagne, quand un candidat a-t-il rencontré un manutentionnaire sur sa plateforme logistique? Une assistante maternelle à son domicile? Une caissière dans son magasin de *hard-discount*? Un couvreur sur son chantier? Quand les a-t-on écoutés, quand a-t-on porté leurs voix, pas seulement leurs colères, leurs luttes, mais aussi leur fierté, leur fierté du travail accompli, leur fierté de porter le monde? Que cette France-là se sente comprise, aimée. Et non dédaignée, par des gens de Paris, avec leurs diplômes en ordre, qui savent, qui nous regardent de loin, comme des abstractions.

C'est par là que nous péchons, que nous peinons.

Faute de cet effort, faute de cette plaidoirie pour « le travail outragé ! le travail brisé ! le travail martyrisé ! mais le travail libéré ! libéré par lui-même, libéré par son peuple avec le concours de la gauche tout entière, de la gauche qui se bat, de la seule gauche, de la vraie gauche, de la gauche éternelle ! », le travail, et les travailleurs, demeurent entre les mains de celles, de ceux, qui, tous les jours, tous les jours depuis quarante ans, le brisent, le martyrisent, le méprisent, mais avec la bouche pleine de la « valeur travail »...

ZOUBIR ET SES FRÈRES (2)

Le CV de Ryad

Ryad tripote sa pochette.

Pleine de CV, sa pochette.

Plutôt vierges, ses CV : un « stage en mer », un « baccalauréat STI », « 3 jours chez Citroën dans le cadre du BEPC », un « DEUG d'Espagnol » avorté, et des « travaux saisonniers en castration du maïs ». Le tout tient sur sept lignes, artistiquement espacées.

Le monde du travail réclame aujourd'hui compétence, performance et endurance. Y pénétrer est une épreuve. Ryad s'y efforce aujourd'hui, par la porte la plus courante pour la jeunesse populaire : l'intérim.

Dans un hall, à Capac, sur la Zone industrielle, on attend qu'une secrétaire nous reçoive. Aucun triomphe en vue, mais bon : qui ne tente rien n'a rien. Il allume une cigarette. « Ne fume pas là, lui conseille un gars. Le grand chef vient de passer, il n'aime pas l'odeur. Et c'est lui qui trie… » Il écrase son mégot dehors. « J'ai choppé la crève, poursuit l'autre, à cause de la surcharge : des samedis matins, des week-ends, des nuits entières, on n'arrête pas avec l'inventaire. » Cette surcharge ranime, chez nous, une lueur d'espoir. Vite éteinte : la dame nous « accueille » entre le seuil et le couloir. Ryad avance dans son bureau, d'un pas, mais non, on ne s'assied même pas, il lui tend un CV, « j'aimerais bien… » qu'il bredouille, « je me propose pour… », il tripote sa casquette Roland Garros. Elle attrape la feuille, de la négligence plein le poignet. Un coup d'œil rapide, seul le vide retient son attention. Elle dépose le papier sur un siège : « On verra. Maintenant, ils reprennent les mêmes. » Echec. Moins d'une minute montre en main.

On rejoint son frère Zoubir, qui patiente au volant de son Evasion :

« Alors ?

– Mon CV, j'ai honte, lâche Ryad entre ses dents. Je leur amènerais un papier blanc, c'est pareil. »

Ses 23 ans approchent, et il voudrait quelques économies pour une voiture, s'installer avec sa copine – qui sait ? –, avancer dans la vie, quoi. Mais ça patine côté boulot. Juste une fois, Supplay l'a contacté, un dimanche soir, à dix heures : « 'Fallait que je sois, le lendemain matin, à la déchetterie. J'étais trop content. Je courais voir si je retrouvais mes chaussures de sécurité, et un quart d'heure après ils m'ont rappelé : "C'est mort. On a quelqu'un." » Il a glandouillé l'an dernier à la fac, boursier sans illusion, n'assistant guère aux cours et encore moins aux examens. Ses copains, les casés, sont rentrés dans les usines grâce aux pères. Le sien a terminé sa carrière au chômage : un bon piston pour rien du tout...

Arrêt suivant : Adia-Valéo. « On n'a rien pour l'instant, mais vous pouvez nous laisser ça. » Dans un coin, Ryad remplit un formulaire. Il interroge son frère :

« Je coche " électronique" ou pas ?

– C'était ton bac ?

– Oui mais je ne sais rien faire, je n'ai jamais bossé pour de vrai...

– Mets-le. Les ouvriers t'expliqueront sur le tas. »

Il rend sa copie.

La tournée continue, Crit, Manpower. Les devantures promettent beaucoup, on recherche des agents de ligne, il paraît, de maintenance, de production, etc. À l'intérieur, c'est chaque fois la même scène : un homme, ou une femme, scrute le papier, à la recherche d'une ligne probante. Ryad se gratte la nuque, de la gêne. Il ne vaut rien. Zéro. Il le sait. Voilà sa valeur, aujourd'hui. C'est limpide. Et pourtant, il a obtenu son baccalauréat, sans brio, non, mais c'est un bout de chemin, déjà : ses parents ne savaient ni lire ni écrire. L'homme, ou la femme, relève la tête, dubitatif. Ensuite, ça dépend des employés. Certains, gentiment, tendent un dossier : « On vous appellera, au cas où. » Ils n'appelleront pas. Ils n'ont pas appelé. Chez Onepi, on l'interroge après le survol d'un CV guère éloquent : « Et vous voulez travailler dans quoi ? » Ce que vous voulez, ce que vous avez. Mais ils n'ont pas grand-chose, et rien pour lui. Chez Adecco, la responsable ne prend même pas le CV. Mince, c'est le minimum de politesse. Zoubir se vexe, là, le ton monte :

« Mais alors, alors, quand vous aurez une mission ? C'est un peu paradoxal !

– On fait travailler d'abord nos participants.

– Vous n'êtes pas cohérente ! » Pour se venger, on lui pique un stylo.

Retour en piste : Ryad pousse une porte. Négatif. Il se tait, plus silencieux. Une autre. Négatif. Il serre davantage les dents. Une autre. Négatif. Le moral à demi en lambeaux. Une autre. Je le retiendrais plutôt, moi, c'est bon pour aujourd'hui, le carnage a assez duré.

Lui, non. Il repart. Quand le vinaigre est servi, il faut le boire. Jusqu'à la lie. Une autre. Négatif. Je ne suis pas 'éduc, moi, aucune carte en main. Une autre. Négatif. Neuf, en tout. Neuf petites gifles. Neuf fois deux minutes. Neuf humiliations ordinaires, encaissées avec une pudeur muette. Juste sa casquette qu'il réajuste, comme une protection, comme si le vent d'un boulet l'avait décoiffé. Et la certitude, au final, que son entrée dans la vie active sera encore repoussée, et sa bagnole d'occase aussi, et son départ de chez papa maman avec. Il reviendra, malgré les défaites annoncées, se casser le nez dans ces agences. Quand ? La semaine prochaine, ou le mois suivant, le temps de se remettre. Avec pareilles « recherches d'emploi », le découragement gagne vite...

Même pour des tâches ingrates, il faut se battre. Même pour trois jours. C'est le jackpot qu'a décroché Ryad, finalement. Où ? Dans une décharge. Et comment ? Grâce à Zoubir, qui connaissait l'épouse d'un cadre (l'instit de ses enfants), qui a téléphoné au directeur d'Adia, qui a placé le dossier au-dessus de la pile. Oui, pour trier des ordures, il faut pistonner les bacheliers maintenant. On a renouvelé son contrat, une semaine, puis deux, puis trois, puis un dimanche par mois, puis plus rien. Ryad attend que son portable sonne...

Extrait de *Quartier nord*,
François Ruffin, Fayard, 2006.

Au nom de la « valeur travail »

14.

« Le travail est une valeur essentielle. »

À la tribune de l'Assemblée, la nouvelle Première ministre, Elisabeth Borne, ne lésine pas sur la langue de coton : « Le travail, c'est la clé de l'émancipation. » Je me tasse sur mon siège, ce ton, cette diction, c'est comme du chloroforme pour m'assoupir : « Le travail, c'est la création de richesses », etc. Mais soudain, elle me réveille : « Je veux rendre hommage aux travailleurs de la deuxième ligne, qui ont assuré la continuité de notre économie ». Quel culot ! Je me dresse sur mes accoudoirs, je crie du haut de ma montagne : « Mais qu'avez-vous fait pour eux ? Rien ! Et malgré le rapport Erhel ! »

Il est rare de tomber amoureux d'un rapport de la Dares – le Département d'animation des recherches et des études statistiques.

C'est pourtant mon cas.

Ce document, intitulé « Les métiers “de deuxième ligne” de la crise Covid-19 », fut commandé par la ministre du Travail elle-même, Elisabeth Borne à l'époque. L'économiste Christine Erhel et ses collègues ont recensé dix-sept métiers, « camionneurs, agents d'entretien, caissiers, manutentionnaires, caristes, travailleurs du bâtiment, aides à domicile, agents de sécurité, vendeurs de produits alimentaires, bouchers, charcutiers, boulangers, maraîchers, jardiniers, viticulteurs, agriculteurs, éleveurs, bûcherons, ouvriers de l'agroalimentaire », dix-sept métiers de la deuxième ligne, 4,6 millions de salariés, tous jugés « indispensables », « essentiels » au pays.

Et que notent les chercheurs ?

« Ces travailleurs sont deux fois plus souvent en contrat courts que l'ensemble des salariés du privé. Ils perçoivent des salaires inférieurs de 30 % environ. Ils ont de faibles durées de travail hebdomadaire (sauf les conducteurs). Ils connaissent plus souvent le chômage. Ils ont peu d'opportunités de carrière. Ils ont des horaires de travail fragmentés, qui ne permettent pas une conciliation satisfaisante avec la vie familiale… »

Sans envolée, sans lyrisme, ces phrases dressent un constat accablant, qui peut s'énoncer simplement : dans notre société, les plus utiles sont les plus maltraités. Ils et elles sont sous-payés.

Concrètement, ce sont des salaires de 798 € par mois (maraîchers, jardiniers), 814 € (ouvriers non qualifiés du bâtiment), 682 € (aides à domicile), 764 € (agents d'entretien), 767 € (ouvriers de la manutention), 859 € (caissiers, employés de libre-service, vendeurs de produits alimentaires), 878 € (ouvriers de l'industrie agroalimentaire), 1 023 € (agents de sécurité). Dans le meilleur des cas : 1 200 € ou 1 400 €. Ils et elles connaissent davantage Pôle emploi et la précarité. Ils et elles subissent des temps partiels, contraints, non choisis, qui empiètent sur leur famille.

Et ce n'est pas tout. Le rapport poursuit : « Ils travaillent dans des conditions difficiles. Ils sont exposés plus fréquemment à des risques professionnels. Ils ont deux fois plus de risque d'accident. »

Bref, pour de médiocres salaires, ils mettent en danger leur santé. Une chose les fait tenir, néanmoins : « Ils possèdent un fort sentiment d'utilité de leur travail, même avant la crise sanitaire. »

Ce diagnostic, sombre, sans fioriture, s'étale sur 48 pages.

Dans leur conclusion, les auteurs ouvrent des perspectives d'actions, de solutions : il faudrait, recommandent-ils, relever « le niveau de salaire horaire », il faudrait réduire « le sous-emploi avec les temps partiels », il faudrait rendre « les horaires plus prévisibles »...

C'est une étude académique remarquable, je trouve. Mais quelles conclusions politiques en a tiré Madame Borne ? Rien. Le néant.

Je la cite : « Nous faisons le pari, avec confiance, que le dialogue social aboutira sur quelque chose d'intéressant. » Quelles actions, quelles solutions, allait-elle mettre en œuvre, du coup ?

Rien. Qu'allait-elle faire pour relever le « niveau de salaire horaire » ? Pour limiter « les temps partiels » ? Pour rendre les « horaires plus prévisibles » ? Rien. Depuis des décennies, maintenant, ces professions, populaires, nécessaires, se précarisent, se smicardisent, on les presse, mondialisation, concurrence, compétitivité oblige, mais voilà que, naturellement, spontanément, par la grâce du « dialogue social », par l'effet d'une mystérieuse Providence, la Justice serait rétablie sur Terre. Les plateaux de la balance allaient se rééquilibrer. Et pour eux, et pour elles, pour leurs salaires, pour leurs horaires, nous allions « aboutir à quelque chose d'intéressant ».

Eh bien, sans surprise, nous n'avons abouti à rien d'intéressant.

Les horaires n'ont pas bougé.

Les salaires non plus.

Juste mités, depuis, par l'inflation, 6 %, 8 %, 10 % de perdus…

Elisabeth Borne a laissé faire, elle a laissé faire la main invisible du marché, une main qui enfonce les uns et qui couvre les autres de trésors. Mais ça ne l'empêche pas, dans l'hémicycle, de poursuivre ses incantations, après Sarkozy, après Macron, sur « le respect du travail »...

C'est une loi rhétorique, semble-t-il : ils célèbrent le Travail dans les mots, mais pour mieux l'écraser dans les faits. Car ils l'écrasent.

Ils l'écrasent depuis quarante ans.

Ils ont organisé le monde pour l'écraser.

15.

« Mon boulot, c'est de peser toutes les quantités : trois litres de colorants, un litre d'acide, des enzymes, des arômes... »

Je viens d'appeler Bertrand, qui travaille dans l'industrie agroalimentaire, près de Toulouse. C'est ma manière à moi, à chaque projet de loi, de ne pas décrocher. De ne pas me laisser absorber par les statistiques, le juridique, le lexique. Ainsi de ce paquet « pouvoir d'achat », qui arrive à l'Assemblée en juillet : son premier chapitre s'intitule « valorisation du travail et partage de la valeur » mais... il est interdit d'y parler de « salaire » ! Et de même, côté « partage », les dividendes et les profits ne sont pas évoqués !

Nous sommes chez Orwell, avec une novlangue, épuisante, qu'il faut lire à rebours. Alors, pour ma santé mentale, pour contrer ce monde parallèle, pour maintenir des points d'accroche, solides, j'« auditionne » des salariés – Stéphanie, assistante de direction, David, manutentionnaires, Céline, secrétaire de mairie, Manuel, ouvrier chez Renault. Des Français qui, d'eux-mêmes, se considèrent « dans la classe moyenne ». Des travailleurs qui, jamais, ne seront entendus par l'Assemblée.

Et l'échange avec Bertrand illustre, à mon sens, les divers écrasements du travail.

Lui fabrique des brioches, celles que vous achetez en supermarchés. Ou plus exactement, la poudre, qui est ensuite envoyée chez Pasquier et compagnie, mélangée à de l'eau, malaxée en pâte, puis cuite. Il est chef d'équipe. Il travaille de nuit, entre 19 h et 2 h du matin. Il touche 1 700 euros.

« Votre entreprise, elle vous a augmenté avec l'inflation ?

– Non. Quand Bruno Le Maire demande aux patrons de faire des efforts et d'augmenter les salaires, nous, ça nous fait rire. Au moment des NAO, des négociations, on est allés le voir, notre patron, pour demander à être augmentés de 5 %. Juste comme l'inflation. La réponse a été rapide : "non". Ou plutôt : "oui", mais il nous supprimait nos primes, ce qui revenait au même.

Ici, ils recrutent au Smic. Forcément, ils ne trouvent personne, ça démissionne tout le temps. 1 250 euros pour jeter toute la journée des sacs de 25 kilos… C'est usant. Alors qu'on le sait : la boîte se porte très bien. Mais ils nous répètent qu'avec la concurrence en Roumanie…

– Que dit le syndicat ?

– 'Y en a pas. On reste à 49 salariés, sous le seuil. Avec quinze intérimaires tout le temps, et une dizaine d'autoentrepreneurs.

– Des autoentrepreneurs sur place ?

– Oui, d'ailleurs mon patron, il m'a proposé ça : de démissionner et de passer autoentrepreneur. “On y gagnerait tous les deux”, il m'a dit. Je toucherais plus, et il paierait moins de charges. Mais avec quels droits à la retraite, au chômage, à la Sécu ? 'Y en a pas. Là, 'y a un collègue pour qui on a obtenu un CDI…

– Il était content ?

– Ah oui ! Même si le salaire, c'est dur : il touche 1 500 euros en faisant la nuit. Il me raconte ses galères financières. Moi, je ne suis pas le plus à plaindre : ma femme travaille à l'hôpital, à 1 490 euros. Mais même à deux salaires, on rame, avec le crédit de 800 euros sur la maison, les voitures, les factures, le chauffage, les courses, l'essence… Heureusement que je fais Uber en plus.

– Ah bon ? Vous faites ça quand ?

– À 2 h du matin, quand je sors de l'usine, je prends des courses. Les meilleures nuits, je fais jusque 100 euros. Enfin, 80 euros, en décomptant les frais.

– Grâce à ça, vous ne vous privez pas ?

– Si, quand même. On ne part plus en vacances, la dernière fois, c'était en 2019. Là, j'ai regardé, pour aller avec mes enfants à Narbonne, mais c'est trop cher. On ne pourra pas. Ma grande, elle voudrait le permis, il faudra attendre. Je ne peux pas lui payer ça et l'école. Mais le frigo est toujours plein, le toit est assuré.

– Ça ne vous fatigue pas trop de cumuler deux boulots ?

– Si, je suis crevé. J'ai des cernes sous les yeux, j'ai pris du poids, je perds mes cheveux. Et aussi, je vois encore moins la famille, je vis en décalé…

– Il me vient une dernière question : est-ce qu'avec vos parents, vous partiez en vacances ?

– Ah oui, tous les ans, on voyageait, soit en France soit à l'étranger. »

15.

C'est la première forme de mépris, évident, pour le travail : que sa valeur, très concrète, très matérielle, les chiffres en bas de la fiche de paie, que cette valeur soit sous-estimée. Donner sa vie, des gros bouts de sa vie, à l'usine, contre 1 250 euros… Accepter de s'user la nuit, de décaler son sommeil, de le hacher, de vivre à contre-temps, contre 1 500 euros… Avoir des responsabilités, modestes, de chef d'équipe, à 1 700 euros…

Manuel, ouvrier chez Renault, me raconte : « Quand on m'a recruté, en 2005, j'étais entre 1 300 et 1 400 euros, et j'en vivais très bien. C'était 40 % au-dessus du Smic. Là, un collègue s'est fait recruter, à peine 1 500 euros, à 10 % au-dessus du minimum. Ils ont raboté 30 %. On n'en vit plus. »

Céline, secrétaire de mairie, décrit : « Je suis à 1 450 euros net, et encore, parce que j'ai passé un concours, le grade supérieur. Le point d'indice est gelé depuis dix ans. Là, on nous promet une hausse de 3,5 %, mais ça ne couvrira pas l'inflation. »

David, manutentionnaire a lui passé ses « Caces 1, 3, 5, 6 », ses permis caristes : « Mais ce n'est plus valorisé du tout. » Avec ses treize ans d'ancienneté, huit en CDI, il est à peine au-dessus du Smic, à 1 300 euros. « Pour les NAO, la direction a fait un effort, du jamais vu : +2,4 %. Autant dire qu'on a perdu 3 % cette année. » Cette branche, la logistique, est un symbole de l'époque : ayant abandonné, délocalisé, largement, l'industrie, la production, c'est sur la « gestion des flux » que repose l'approvisionnement du pays. Mais comment sont rémunérés les travailleurs de ce secteur clé ? Tous au Smic, ou presque. Noël, lui, achève sa carrière, après quarante années, comme « responsable de quai », de nuit, à 1 800 euros.

Dans ces hangars géants comme ailleurs, depuis quatre décennies, au nom de la « compétitivité », les dirigeants imposent la « modération salariale ». Depuis 1982 et la fin de « l'échelle mobile », les salaires ne sont plus indexés sur l'inflation, ils ne suivent même pas, au minimum, les hausses de prix. À tel point que, dans 70 % des branches, les plus bas échelons sont en dessous du Smic.

Dans bien des métiers, les revenus s'aplatissent. Au début des années 80, un enseignant débutant percevait 2,2 fois le Smic. C'est désormais 1,1 fois. Au début des années 2000, un ouvrier « hautement qualifié du bâtiment » était embauché 36 % au-dessus du Smic. C'est désormais 16 %. Idem pour un éducateur : de 31 % au-dessus du Smic il y a vingt ans, à 3 % maintenant. Idem pour l'agent de Pôle emploi (+52 % contre +22 %), etc.

Que font le président et son gouvernement, pour relever les salaires, vigoureusement ? Rien, pas de hausse du Smic, pas d'indexation sur l'inflation. Emmanuel Macron « en appelle à la responsabilité des entreprises », tandis que son ministre de l'Économie, à chaque passage radio, « appelle les entreprises à multiplier les gestes ». Et tant pis si ces « appels » sonnent dans le vide. Ou tant mieux : « L'État a un double discours en la matière, rapporte le patron du

Medef, Geoffroy Roux de Bézieux. Officiellement il faut augmenter les salaires, mais en coulisse on nous dit de faire attention. » Modération salariale, quand tu nous tiens…

16.

« Je construis la France, et ils m'ont fait une décote ! » La même pingrerie vaut pour les « revenus différés » du travail : les retraites. Et cela suscite, au fond, on a l'impression, plus de colère chez les anciens, devant leur bulletin de pension, que chez les salariés devant leur fiche de paie. « Je suis parti en Alsace, en Allemagne, j'ai fait des tas de chantiers, nous retraçait Patrick. Vous voyez la gare du Nord ?

– À Paris ? Oui, c'est ma gare.

– Eh bien le métro, en sous-sol, Eole, c'est nous qui l'avons construit. Je travaillais en bonne entente avec les Yougoslaves, les Turcs, les Algériens, etc. On travaillait bien ensemble. Mais maintenant, ils ne travaillent plus. J'étais un "grand déplacé", je partais toute la semaine, parfois dès le dimanche après-midi… Le tunnel du Mont-Blanc, quand il a brûlé, c'est nous qui y étions. Toutes les nuits, dans l'air vicié… À cinquante ans, ils m'ont muté au désamiantage, les grandes tours à Paris, à Rouen…

– Vous avez dû en respirer, des cochonneries ! De la poussière !

– Ah ça… On m'a enlevé trois cancers sur le poumon droit. Et là, maintenant, un à gauche. Mais ça n'est pas reconnu comme maladie professionnelle. Je me suis retrouvé en invalidité, à partir de 56 ans. On touchait 960 euros. Et à 60 ans, malgré mes 179 trimestres, ils m'ont dit que normalement, c'était 62 ans. Donc, ils m'ont fait une décote… Vous trouvez ça normal ? Je travaille depuis mes 14 ans, et ils me font une décote. Une décote ! »

Combien de maçons, de carreleurs, de plaquistes qui parviennent, jusqu'au bout et touchent une pension à taux plein ? Combien d'aides à domicile ? Combien d'ouvriers de l'industrie ? À 60 ans, on le sait, la moitié des Français sont à l'arrêt, leur « santé altérée ». Pour atteindre la retraite, eux font la jonction avec de l'Allocation adultes handicapés, du chômage longue durée, du RSA – dont le recours a plus que doublé, pour les séniors, en une décennie.

Et pourtant, bientôt, dans les rêves du président, il va falloir « travailler plus longtemps ». 65 ans, voilà qui convient bien aux banquiers d'affaires, aux conseillers de Mac Kinsey…

17.

Aucune « modération », en revanche, ne s'impose au Capital, la règle y est plutôt inverse : « Le taux de marge des sociétés a atteint des niveaux inédits au premier semestre 2021 (35,7 % de la valeur ajoutée) », relève ainsi l'Insee dans une « Note de conjoncture ». Un « record inégalé depuis que l'institut mesure ce ratio, soit… 1949 » !

On assiste, dans la durée, à un *« Global upward trend in the profit share »*, pour parler comme la Banque des Règlements internationaux. Une « hausse tendancielle mondiale de la part des profits. » En 2007 déjà, elle notait : « La part des profits est inhabituellement élevée à présent (et la part des salaires inhabituellement basse). En fait, l'amplitude de cette évolution et l'éventail des pays concernés n'ont pas de précédent dans les 45 dernières années. » C'est rare, tout de même, des banquiers qui insistent sur cette « marge d'une importance sans précédent », sur cette « preuve à la fois graphique et économétrique d'un fait particulier concernant le partage des revenus dans les pays industrialisés : une poussée à la hausse de la part des profits au milieu des années 80, ou son pendant, une poussée à la baisse de la part des revenus. » Depuis, rien n'a changé, sinon en pire.

Voici ce qu'on peut en traduire avec des chiffres plus croustillants : en une décennie, d'après le magazine *Challenges*, « les 500 Fortunes » ont quadruplé leur patrimoine. En une seule année, une année de « crise », qui plus est, les PDG du CAC 40 ont doublé leurs rémunérations. Quant aux firmes, elles font sauter tous les plafonds : +87 % par rapport à leur précédent record de bénéfices, qui datait de 2007… En sport, les records se battent d'un dixième de seconde, et c'est déjà un exploit. Ou d'un centimètre au saut en hauteur. Mais voilà que, d'un coût, nos athlètes du profit font +87 %, voilà qu'ils courent le cent mètres en cinq secondes, voilà qu'ils sautent sans perche à quatre mètres, et personne ne trouve cela suspect !

Ce fossé, qui se creuse, répond à un théorème. Qu'on me pardonne, je vais faire mon savant, il s'agit du théorème dit de Heckscher-Ohlin : « À l'ouverture internationale répond une inégalisation interne des économies ». Face à la mondialisation, l'échelle des revenus s'allonge par les deux bouts : le plancher s'affaisse lentement, tandis que le plafond est sans cesse crevé.

Ainsi, l'ouvrier de Goodyear, à Amiens, est invité à regarder vers le bas, et vers l'est : « Quand on râle, ils ont des tableaux, ils nous montrent le coût de revient d'un pneu produit à Katowice, en Pologne, et le salaire des gars là-bas. »

Tandis que le patron de Total regarde vers le haut, et vers l'ouest : Patrick Pouyanné était quatre fois moins bien payé que le chairman d'Exxon. Heureusement, ses +52 % l'ont un peu sorti de la misère...

Il y a cinquante ans, un grand patron gagnait 12 fois le Smic. C'est aujourd'hui 240.

Quel devrait être le rôle du politique face à cette « inégalisation interne » ?

Ce devrait être – je le crois – d'entraver, d'atténuer cette mondialisation, de maintenir des protections. Mais à défaut, au moins, le minimum : de rétablir, par l'impôt, un peu d'équilibre, de justice, dans cette balance.

Or, que fait Macron depuis cinq ans ? Il déséquilibre un peu plus la balance ! Comme si le marché, les multinationales, le libre-échange, etc., comme si toutes les forces économiques de la mondialisation n'y suffisaient pas, le président de la République y met en plus tout le poids de l'État. Pour accentuer l'injustice. Pour aggraver l'inégalité. Avec, d'un côté, l'ISF supprimé, tout comme l'exit tax, avec la flat tax sur les dividendes, etc. Avec, à l'autre bout, la CSG sur les retraités, le grattage sur les APL, les contrats aidés supprimés, etc. Le bilan est tiré par l'Institut des politiques publiques : « Le 1 % des plus aisés ont le plus profité des années Macron, avec une hausse de 2,8 % de leur niveau de vie, soit un gain annuel de 3 500 euros. Et la hausse atteint même 4,1 % pour le top 0,1 % des Français. Pour les plus modestes, en revanche, en dessous de 800 euros mensuels, la politique d'Emmanuel Macron a été pénalisante. »

La pente était déjà rude, l'État l'accroît.

Depuis l'étranger, Emmanuel Macron joue les progressistes. Lors d'un sommet du G7, en Allemagne, il s'en prend aux « profiteurs de guerre ». Mais avec quelles mesures, de retour au pays ? Aucune. Au contraire, ses ministres, sa majorité, s'opposent à toute taxe, ils « n'aiment pas ça »...

Ce mouvement fiscal, malheureusement, l'actuel président ne l'a pas initié : il l'amplifie juste.

Au milieu des années 80, l'impôt sur les bénéfices s'élevait ainsi à 50 %. Il est aujourd'hui affiché à 25 %. Et de fait, les TPE-PME, réglos, ont un taux effectif de 24,24 %. Mais celui-ci plonge sous les 4 % pour les firmes du CAC 40, avec sur le podium de l'optimisation, Total, Sanofi, Renault : 0 impôt en France.

Dit autrement : qui finance les biens communs, les routes, les écoles, les hôpitaux ? De moins en moins le Capital, malgré son « taux de marge ». De plus en plus le Travail, malgré sa « modération ».

18.

« Entre 2009 et 2014, ils m'ont pris pendant cinq ans en intérim. Je faisais 18 mois de missions, 6 mois de tiers temps. Ils appellent ça comme ça, c'est une coupure. Et puis, ils me reprenaient pour 18 mois. C'est comme ça pour à peu près tout le monde ici. », raconte David, cariste.

C'est une autre forme d'écrasement, de mépris : le travail n'est plus un travail, un métier, un emploi, un CDI. Ce sont des bouts de boulot : « Le mercredi soir, des camions arrivent, raconte Noël, responsable de quai. Alors, pour les décharger en vitesse, on recrute des intérimaires. On les fait venir juste pour une heure. Avant, la législation, c'était : toute journée entamée, même avec une heure, est payée une journée. Ensuite, c'est devenu, toute journée entamée est payée une demi-journée. Maintenant, une heure, c'est payé une heure. »

Le contrat à durée indéterminée apparaît alors comme un Graal, inatteignable, comme un mirage. Ainsi de Jonathan, passé chez Amazon, Médiamétrie, Mario's Pizza, etc., et pour qui le « CDI » revient telle une obsession, au point de nous faire rire :

« J'ai déménagé, mais pff, sans CDI... Pour moi, c'est un CDI. Sans CDI, on n'a rien. Sans CDI, on ne peut pas avoir d'appartement. Là, on me donne des vacations, des intérims… Mais c'est trop dur ! C'est précaire ! C'est rien ! On vous donne pas de chance. Et qu'on ne me dise pas que je ne vais pas chercher du boulot, qu'il faut faire des études ! J'ai tout fait : boulot, études, chercher tout seul. Personne ne peut me faire la morale. J'ai tout fait ! Et jusqu'au jour d'aujourd'hui, j'ai pas de CDI, rien ! Là, fin mai, je me retrouve avec plus rien.

– Qu'est-ce que tu penses qu'il faudrait faire ?

– La révolution.

– Oui mais pour faire quoi ? Qu'est-ce que tu voudrais ?

– Moi je vois que le CDI. Un CDI, un truc indéterminé. Parce que si on nous donne un travail pour nous dire au bout de cinq mois "bah voilà, c'est fini. Tiens, tes papiers, assedics", ça, c'est rien.

– Tu penses par exemple qu'il faudrait surtaxer les contrats précaires type intérim, CDD.

– 'Faut les enlever.

– 'Faut les enlever ?

– On ne fait que dépanner. Il faudrait les enlever. »

19.

Stages, CDD récurrents, services civiques, intérimaires, souvent sur des postes permanents,

CDII maintenant... Ces « formes atypiques », pour reprendre les termes de l'Insee, fracturent, fragmentent le travail. Avec la sous-traitance, également, les collègues ne sont plus collègues.

Ancien directeur des ressources humaines, chez un géant de l'agroalimentaire, Daniel a œuvré, contre son gré, à l'*« out-sourcing »* du nettoyage :

« Au bout de trente-cinq ans chez Nestlé, ils m'ont licencié pour "insuffisance professionnelle".

Tout s'est brusqué sur les femmes de ménage. Jusque-là, elles faisaient partie de l'entreprise, salariées de Nestlé, avec tous les avantages. Le Comité d'entreprise, les chèques vacances, le Noël des gosses, 'y avait Lucette, Andrée, Sylviane ; on les tutoyait, elles avaient leur vestiaire, elles prenaient le café dans la salle de pause. Elles terminaient à 1 900 euros, avec le treizième mois en plus, des primes. Il y avait des absences, certes, ça arrivait, des gosses à garder, ou un lumbago, m'enfin, le boulot était fait, personne ne se plaignait. Et puis, est venue l'idée, l'ordre plutôt, de sous-traiter. D'externaliser. On est passés par une société privée, un cadre est venu établir le devis : surface au sol, surface de vitres, surface industrielle, surface de bureau, nombre de toilettes, il a tout mesuré, calculé. Et ensuite, on ne les voyait plus, ces femmes, elles arrivaient tôt, à 5 h du matin, à 8 h elles étaient reparties. Des fantômes. Ça n'était que des temps partiels. J'ai échangé, une fois, avec l'une d'elles : elle cumulait trois chantiers dans sa journée, notre usine le matin, des assurances le soir, un particulier dans l'après-midi. Ça lui faisait 800 euros. Et nous, tous les ans, on comprimait les tarifs du sous-traitant. On serrait de 2,5 %, 1 %. C'était un gros marché, pour eux, ils étaient tenus à la gorge.

On a fait grosso modo pareil sur les vigiles.

C'était contre ma nature, tout ça. La direction me reprochait mon humanité. »

Jadis, il n'y a pas si longtemps, ces métiers populaires assuraient une assise, des horaires, des salaires, un collectif. Sous-traités, les voici maltraités, habités par une crainte de la chute, de socialement sombrer.

20.

« Nouveau record historique du nombre de créations d'entreprises en France, avec 996 217 créations, en grande partie face au boom du régime microentrepreneur. » *Les Échos* s'en vantent. C'est la grande transformation du marché de l'emploi sous Emmanuel Macron : plus de deux millions en cinq ans de mandat !

La France se trouve donc en tête, en Europe, championne toutes catégories, pour la hausse de l'emploi non salarié : +7,3 %. Seules la Hongrie et l'Estonie en ont créé plus, en proportion. Alors que, sur la même période, les Pays-Bas n'en sont qu'à 2,5 %, et que la plupart des autres pays européens ont même vu fondre leur nombre d'emplois non salariés : -2,1 % au Portugal, -5,6 % dans la zone euro, -6,2 % en Allemagne. Et alors que notre pays se trouve à la traîne, en queue de peloton, pour l'emploi salarié.

Qui sont ces millions d'autoentrepreneurs ?

À vrai dire, on les connaît peu. J'ai interrogé des chercheurs en sciences sociales : c'est un continent, grossissant, qui n'est qu'à peine défriché. J'ai réclamé une mission d'information à l'Assemblée, mais pour l'instant en vain. Cela arrange sans doute, cette ignorance.

On sait qu'ils ont un revenu mensuel moyen de 590 euros. Mais que signifie « moyen » quand la moitié de ces microentreprises ne sont pas actives ? Quand, parmi les actives, 45 % enregistraient un chiffre d'affaires mensuel inférieur à 2 000 euros ? Et supérieur à 17 000 euros seulement pour 1 % ? Voilà qui s'apparente plus à une économie de la débrouille, à un peu de beurre dans les pâtes, comme pour Bertrand et son Uber, qu'à un projet professionnel. Et combien l'ont choisi ? Combien s'y épanouissent ? Combien le subissent ?

Ces autoentrepreneurs, on les rencontre, sans le savoir, pas seulement chez les chauffeurs ou dans la livraison de sushis, mais aussi à l'usine, dans les entrepôts, dans les magasins, comme barman, agent d'entretien, caissier, préparateur de commande, etc. : « Depuis septembre, nous raconte Cassandre, étudiante, j'enchaîne des missions par Staffme, en tant qu'autoentrepreneure. J'ai beaucoup travaillé pour Jacadi, où j'ai fait de la vente dans plusieurs boutiques à Paris. »

Ainsi invente-t-on encore moins protecteur que l'intérim !

C'est là qu'il faut mesurer l'exploit de l'Élysée. À l'initiative de ma collègue Leïla Chaibi, le Parlement européen et la Commission européenne, main dans la main, ont proposé un progrès social : que les travailleurs des plateformes soient « présumés salariés ». Et qu'à ce titre, cela leur ouvre des droits au chômage, à la Sécu, à la retraite. Mais qui s'y est opposé ? Qui ? Emmanuel Macron, en lobbyiste d'Uber et en symbiose avec sa ministre du Travail, Élisabeth Borne. Ensemble, à Bruxelles, ils ont bloqué cette avancée : « Je ne vais pas interdire Uber et les VTC. Ce serait les renvoyer vendre de la drogue à Stains. »

Il y a quelque chose de pourri dans la République de la « valeur-travail ». Et quelque chose qui pourrit aussi dans le cœur des travailleurs…

ZOUBIR ET SES FRÈRES (3)

Le jardin du père

« Au retour d'Algérie, comment vous avez trouvé un emploi ? »

Dans son jardin ouvrier, j'interroge le père de Zoubir.

« Le travail, à cette époque-là, on ne le trouvait pas. C'est lui qui venait nous chercher. » Au sens propre : Zoubir m'a retracé ces matins, lendemains de cuites, où le chef se déplaçait chez eux. Il frappait à la porte, tandis que son papa se cachait derrière et que sa maman baragouinait « Parti Amar... parti... Amar parti... » Monsieur Kadila déracine un chardon et rigole : « Même que tu arrivais saoul, on ne te reprochait rien. Et au cas où on te vire d'une boîte, l'heure d'après tu rentrais dans une autre... »

Qu'on ne se figure pas un âge d'or, malgré tout : c'est à Marcal qu'il a fait sa carrière, dans la fumée du caoutchouc, parmi les roues de brouette, une odeur de caoutchouc qui lui collait à la peau, se rappelle Zoubir, logement infesté de ces relents, même le pain prenait ce goût de plastique. « Je le regardais, si mal, si triste, la boisson, les coups, et pour moi, c'était à cause de l'usine. Dès qu'on l'a licencié, il s'est épanoui. » Son oncle confirme : lui n'a tenu qu'une journée, chez Marcal, une moiteur à cuire, étouffante, et des vapeurs, les produits toxiques, le ciseau qui lui pliait les doigts, des milliers de pièces d'affilée, le contremaître qui gueulait après les Arabes, que des Arabes dans l'entreprise, les harkis et les Marocains avaient remplacé les blancs des champs.

Cette mémoire compte, immensément : pas de quoi forger, chez ces fils d'immigrés, l'image d'un prolétariat triomphant, qui conquiert dignité et avantages durant les Trente Glorieuses. Nulle fierté ouvrière chez eux, au contraire : cette condition, synonyme de malheur, leurs parents l'ont subie, contraints et forcés. Cette condition, eux doivent donc s'en échapper, si possible ou à tout prix. Par l'école, qui promet un statut d'« employé » : après tout, malgré les échecs, ils savent lire, écrire, compter, un pas de géant comparé à leurs géniteurs souvent illettrés, mais sur le marché des compétences, ce minimum ne vaut déjà plus rien. Et beaucoup se résignent à un retour à l'usine, sauf que la donne économique a changé : de la main-d'œuvre, début 80, l'industrie n'en veut plus. Ou seulement au compte-gouttes. Elle n'embrigade plus des bataillons, comme la génération d'avant. Le comble, alors : pour rejoindre, la mort dans l'âme, plutôt que rien, les rangs des travailleurs, il faut le désirer désormais. Oui, il faut désirer cette place honnie. Il faut désirer s'enchaîner. En pleine schizophrénie. Fini ce temps où les chefs suppliaient à domicile, il faut se bagarrer pour son poste, des CDD en série, l'intérim, ne plus rater une journée, l'ivresse prohibée, etc.

On a visité Marcal, avec Zoubir, sa dépouille plutôt : l'entreprise a migré vers l'Est, il paraît, ou les patrons fabriquent des confitures à l'île Maurice, on ne sait pas trop. Ne reste qu'une grille rouillée dans un village : « 'Y a quéqu'un ? » Personne. Un grand hangar, sur la droite, avec des meubles, des charrettes, des cadres, des vieilleries, un entrepôt de brocanteur, peut-être, à demi à l'abandon. « 'Y a quéqu'un ? » Des prés, derrière, et des chevaux dedans, et une rivière, l'eau qui bruit, si claire, transparente, une cascade en béton qui servait, j'imagine, à refroidir la matière. Un havre de paix, hier habité par la peine, la résignation, le fracas des machines, seuls demeurent aujourd'hui le chuchotis des flots et le chant des oiseaux. Zoubir envisage, bien sûr, de racheter, de quoi procurer à ses gosses « une jeunesse heureuse, ici ». Dans ses rêves, il emménage déjà, ou en fait un jardin public. Pourquoi pas, après tout, pourquoi pas une réquisition nationale : lorsqu'il fallait suer et souffrir, c'est son père, leurs pères, qu'on sollicitait. À présent qu'on pourrait se baigner, pêcher à la ligne, batifoler dans le gazon, les voilà chassés de ce petit bout d'Eden : un panneau « Propriété privée » est apposé à l'entrée.

Extrait de *Quartier nord*,
François Ruffin, Fayard, 2006.

Coups de pression

21.

« Vous allez partir en vacances cet été ? »

Stéphanie, l'assistante de direction, rit.

« On n'y a même pas songé.

– Et vous partiez, en vacances, avec vos parents ?

– Oui, on partait en Sicile retrouver de la famille, ou dans le sud de la France. Là, je ne peux même pas amener ma fille à Walygator.

– Alors que vous y alliez avec vos parents ?

– Oui. Mais là c'est plus possible, à plus de 30 euros l'entrée...

– Et votre père faisait quoi ?

– Mon père était soudeur chez Saint-Gobain. Ma mère s'occupait de moi et de mes quatre frères et sœurs. »

Au fil de nos auditions, un signe de déclassement, discret, en retrait, est apparu : les vacances. Enfant, Bertrand partait tous les ans avec ses parents : il n'offre pas la même chose aux siens. Et pour Manuel,

« la plus grande privation, c'est pour les vacances. Les dernières, c'étaient en Charente-Maritime, en camping.

– Et avec vos parents, vous partiez ?

– J'ai perdu ma maman à neuf ans, donc il n'y avait que le salaire de mon père, à l'usine. Et pourtant, on partait quand même, tous les ans, en Vendée, en Ardèche, dans le sud, Perpignan... Ça restait du camping, mais c'étaient des vacances quand même. »

Seule Céline, fonctionnaire, qui se prive sur d'autres lignes, part en congé : « Le Comité d'entreprise nous offre des vacances, dans les Pyrénées. »

Cela me paraît être un symptôme, ces non-départs en vacances. C'est le droit au repos qui est rogné. Au nom du travail, de la « valeur travail », de « l'amour du travail », il faudrait travailler sans cesse, sans répit.

Bertrand qui, à peine quittée sa poudre à brioche, enchaîne avec Uber, en est le héros malgré lui. À la tribune de l'Assemblée, c'est lui qui est porté en modèle, le Stakhanov de la start-up nation, qui fait preuve de volonté pour s'en sortir. Eh bien non : son cas, à Bertrand, devrait être regardé comme une honte. Un homme, une femme, doit vivre de son métier. Et pas de deux, pas de trois, pas d'un cumul à tout va, d'une course permanente.

La dignité du travail, c'est aussi, c'est surtout le repos. Et c'est leur bataille, aujourd'hui, à nos dirigeants, au nom de la « valeur travail », de l'attaquer par tous les bouts. C'est le dimanche qui, depuis Sarkozy et Macron, n'est plus chômé dans les supermarchés. C'est les heures sup à multiplier pour se maintenir la tête hors de l'eau. C'est la retraite, qu'ils reculent toujours. C'est, rebelote, une conquête que l'Europe suggérait, sur le congé parental, et que la France, par la voix de son président, a minée, vidée.

La bataille entre le Capital et le Travail, dans notre histoire, c'est sur les salaires qu'elle se joue, bien sûr. Mais c'est surtout sur le temps. Le congé maternité. Le samedi à l'anglaise. La semaine de 40 heures. Les congés payés. La retraite à 60 ans. Tout cela, c'est du temps libéré par les ouvriers. C'est le repos qui, jusqu'alors, appartenait à l'aristocratie, à la bourgeoisie, qui est entré dans la démocratie, pour tous, pour le peuple : le droit au repos.

22.

« On ne respire plus ! »

C'est un cariste d'Auchan qui me lâche ça. Auparavant, avec ses feuilles en main, il cherchait les marchandises selon son parcours, cochait sa case, échangeait un mot sur son chariot. Désormais, casque sur les oreilles, un algorithme a pensé pour lui, il reçoit des ordres vocaux, A2, OK, B3, OK, comme un robot en apnée.

« On ne respire plus ! »

La même phrase revient chez cette infirmière en Ehpad. Écouter le souvenir d'un ancien ? S'asseoir sur un coin de lit ? Pour elle, c'est fini. Quand la patiente se montre trop bavarde, pour couper court, elle tapote sur sa montre, sort de la chambre à reculons.

« On ne respire plus ! »

C'est chez Bigard, cette fois, dans l'entreprise de viande. Le patron a prévenu : « Au fond, votre temps productif, il est de 5 h 30 », et c'est par générosité qu'il offre 1 h 30 de plus. Un boucher s'étonne : « Même aiguiser le couteau à la meule, ce n'est pas compté comme productif ». Ainsi, l'habillage, le déshabillage, sortent du temps de travail, et les salariés ne prennent plus leur pause, leurs dix minutes, parce que la salle est loin, le temps d'enlever leur équipement, la charlotte, de les remettre.

C'est le nouveau modèle : ne plus payer que le temps hyper productif. Chez Uber, Deliveroo et compagnies, la course est payée, pas l'attente autour. De même pour l'auxiliaire de vie, qui a trente minutes, chrono en main, pour s'occuper d'une personne âgée, puis d'une deuxième, mais sans que les déplacements ne soient comptés, défrayés, avec des coupures dans leur journée. De même pour l'agent d'entretien, sous-traitée tôt le matin et tard le soir, sur les heures de bureau vide, sans sourire ni bavardage.

Tous avec, en tête, le refrain du lapin d'Alice au pays des merveilles: «Pas le temps! Pas le temps!»

23.

«Dans ce livre, je veux revenir à la question sans doute la plus importante pour nous autres humains: qu'est-ce qu'une vie bonne? Et pourquoi nous fait-elle défaut?»

Dans nos sociétés modernes, suppose le philosophe allemand Harmut Rosa dans *Accélération et aliénation*, ce qui fait notre malheur, c'est le temps, le temps qui manque, le temps qui presse. «Avec l'accélération de la vitesse de la vie, les gens auront l'impression que le temps passe plus vite qu'avant et ils se plaindront que tout va trop vite, ils craindront de ne pas suivre le rythme. Ces impressions semblent avoir augmenté au cours des dernières décennies. Les expériences se compriment, avec une tendance à faire davantage dans une période donnée, en réduisant les pauses et les intervalles, et/ou en faisant plusieurs choses en même temps, par exemple cuisiner, regarder la télé et téléphoner.»

La voiture, l'avion, l'ordinateur... La technique n'est pas le seul moteur de cette accélération: «Du point de vue des individus, il existe une lutte concurrentielle incessante pour les concours de l'enseignement et les emplois, les revenus, les biens de consommation ostentatoires, la réussite des enfants, mais aussi, et de manière plus importante, pour obtenir et garder un conjoint et un certain nombre d'amis... La logique sociale de la compétition est telle que les concurrents doivent investir une énergie accrue pour rester compétitifs.»

Avec à la clé une dépression pathologique, dont «des découvertes scientifiques récentes indiquent que certaines formes doivent être comprises comme des décélérations, comme des réactions individuelles face à des pressions d'accélération excessives». Avec, bizarrement, collectivement, l'impression que plus rien n'avance: à force d'accélération, de changements permanents, aléatoires, épisodiques, frénétiques, «en fait aucun changement "réel" n'est plus possible, le système de la société moderne se referme sur lui-même et l'histoire approche d'une fin qui a la forme d'une "immobilisation accélérée."» Des choses changent, mais elles n'évoluent pas, elles ne vont «nulle part».

Je voudrais écrire, plus tard, plus longuement, sur «le temps d'apprendre à vivre»: le temps comme objet de pouvoir, le temps qu'ils compressent, qu'ils compriment. Pour 65 % des Français, « le monde va trop vite », et 58 % « aspirent à ralentir ». Quel gouffre, quand même, entre les désirs des gouvernés et la volonté des gouvernants ! Qui eux ne visent qu'à « accélérer »... Et l'on comprend que le *burn-out*, la « consomption » de soi, de la planète, soit le grand mal du siècle.

24.

« Je travaillais chez Lidl depuis 18 ans, comme chef de magasin. Et ça se passait super bien. Mais la nouvelle cheffe de réseau m'a assailli de reproches, de critiques, mis plus bas que terre. Tous les jours elle était sur mon dos. À force, j'ai fait un *burn-out.* »

David était un copain de foot, un « 6 », un distributeur de ballons, qui jouait pour les autres. Et toujours rigolard. Mais son sourire, là, il l'avait perdu.

« Je les ai tous vus, le psychiatre, le psychologue, jamais je n'aurais pensé mettre les pieds là-dedans. Quand je suis entré là-bas, à l'hôpital, je me suis demandé : mais où je suis ? Mon frère, lui, il a carrément fait un malaise dans son magasin. Les pompiers l'ont transporté, mais ça n'a pas été reconnu comme un accident du travail. Il a demandé une rupture conventionnelle, après vingt ans de boutique... »

À deux, avec sa collègue Karine, ils égrènent les cas : « Ma cheffe de caisse, elle est toujours en maladie pour dépression.

– Jessica, elle fait des heures de dingue, pour y arriver, garder son boulot…

– Lynda, ils ne voulaient plus d'elle comme directrice, elle a carrément signé une lettre, pour demander à être rétrogradée ! D'elle-même ! Après quinze ans de boîte ! Elle s'est soumise, dans l'espoir de garder un boulot…

– Ça ne leur coûte presque rien, alors ils peuvent continuer. Alors que moi, là, je suis broyé. Ce sont des cachets, toujours, j'arrive au bout de mon chômage… Et vous trouvez ça normal que ce soient la collectivité, la Sécurité sociale, les Assedic, qui paient les dégâts de Lidl ? Dans le reportage de Cash Investigation, il y a une phrase très juste : “C'est une machine à fabriquer des chômeurs de longue durée”. »

C'est de lui, d'eux, qu'est partie ma proposition de loi sur le *« burn-out »*, que « les troubles psychiques liés au travail soient reconnus comme maladie professionnelle. »

« C'est un problème de santé majeur », juge le psychiatre Patrick Légeron, membre de l'Académie nationale de Médecine. « 400 000 cas par an, en France, cet ordre de grandeur me paraît crédible. L'OMS, l'Organisation mondiale de la Santé, pointe d'ailleurs le stress comme premier risque pour la santé des travailleurs dans le monde. Et nous avons ce paradoxe extraordinaire : le tableau n'est fait que de maladies somatiques, il exclut les troubles psychiques, n'en reconnaît pas un seul, alors que ces affections mentales apparaissent comme un risque majeur pour les salariés. C'est un décalage inacceptable. » Et de trancher : « Une reconnaissance est absolument nécessaire, et l'Académie est très intéressée par cette démarche. »

J'ai auditionné des salariés de la Poste, de la Caisse d'Épargne, de la police, des hôpitaux, etc. Je passe sur les suicides, les familles, les collègues en pleurs, des traumatisés du cerveau. Une directrice des ressources humaines, passée par l'industrie, par les services, soulignait son « conflit de valeurs » :

« Cet épuisement professionnel, j'ai pu le voir chez des employés, des ouvriers, des agents de maîtrise, des cadres. Je l'ai rencontré dans tous mes postes. Mais c'est tellement tabou dans les entreprises, aujourd'hui. C'est le sujet interdit. Nous, en tant que RH, on n'a même pas le droit de prononcer le mot "stress". J'ai mis en place une formation à ces risques psychosociaux, pour accompagner les managers, on m'a demandé de lui trouver un autre nom. On me disait que, sinon, ça pouvait tout d'un coup devenir réel !

À mon tour, j'ai connu l'épuisement professionnel. Parce que j'étais en constant conflit de valeurs. Moi je suis arrivée en Ressources humaines ; entre ce qu'on m'avait appris à l'école et la réalité, j'ai bien compris qu'il y avait un fossé. On utilisait un langage qui était très policé, et on ne pouvait pas traiter, justement, de la souffrance au travail. Quand vous êtes quelqu'un qui aime bien les gens, c'est compliqué. Comment gérer un plateau téléphonique, remplir des objectifs d'optimisation financière, et en même temps respecter l'humain ? Donc, le premier niveau d'encadrement en souffre. Et le niveau d'encadrement du dessus, le comité de direction, là où je me trouvais, une partie s'en fout, et l'autre le vit très mal, mais se tait. J'ai vu des gens sous cachetons, mais qui ne le disent pas. Moi, avant de quitter mon boulot, je me levais, j'avais mal au dos, j'avais mal à la tête, enfin j'étais crevée, je faisais des cauchemars, je ne vous dis pas le nombre de dimanche où, à partir de 15 h, je me disais "mon dieu il va falloir y retourner demain, il va falloir mentir", et le nombre d'encadrants, d'ouvriers ou d'employés qui m'ont raconté ça, c'est phénoménal. »

D'après le juriste Alain Supiot, professeur émérite au Collège de France, l'on assiste à « un essor spectaculaire des pathologies mentales liées au travail, dont le nombre en France à été multiplié par sept en cinq ans. » Lui le lie à un « travail devenu marchandise », et en particulier à des travailleurs « programmés pour satisfaire des indicateurs de performance coupés de l'expérience concrète de leur tâche. Cette programmation conduit à des formes inédites de déshumanisation. Au *déni de pensée* qui caractérisait la réduction taylorienne des ouvriers à l'état de rouages d'une vaste horlogerie, a succédé le *déni de réalité.* Les personnels hospitaliers ont parfaitement saisi la racine du mal en dénonçant, bien avant la pandémie de Covid-19, le fait qu'on leur demande "de soigner l'indice plutôt que le patient." »

Et de citer le philosophe Cornélius Castoriadis : « Cette attitude-là – faire toujours de son mieux sans en attendre de profit matériel – n'a pas de place dans l'échafaudage imaginaire du capitalisme. D'où le vide moral actuel. Sur ce plan, le capitalisme vit en épuisant les réserves anthropologiques constituées pendant les millénaires précédents. De même qu'il vit en épuisant les ressources naturelles. »

25.

Le travail, c'est la santé.

Ça devrait.

Je n'ironise pas : pour moi, pas d'équilibre, pas d'équilibre intime, social, sans emploi, qui structure l'emploi de son temps. Mais c'est un univers dur, parfois, par endroits, qui s'est durci, où la compétition, la concurrence se sont installées. Les plus fragiles, psychiquement, physiquement, craquent, la faille s'élargit dans leur cœur. Éliminés, éjectés de l'espace qui accorde une valeur, la valorisation s'obtient par la dévalorisation : « Pourquoi ils ne m'accordent pas le handicap à 100 % ? » Combien de fois j'assiste à ça, à ma permanence, comme député ? Combien de fois j'y participe ? « Regardez combien je suis foutu ! » Cette dépréciation de soi devient un commerce : « Avec tous les médicaments que je prends, jamais je ne pourrai retourner à mon emploi... » Les aides s'obtiennent par la dégradation de soi, et c'est un triste spectacle, souvent, ces hommes, ces femmes, qui se rabaissent, leur dépression en bandoulière.

« Je voudrais entrer à l'Esat, mais il y a une liste d'attente. Vous pourriez m'écrire un courrier ? »

Les Établissements et services d'aide par le travail, réservés aux personnes handicapées, voient ainsi arriver une nouvelle clientèle. Le journaliste Thibaut Petit décrit ce changement dans son livre *Handicap à vendre*:

« Tous ont d'abord connu une expérience dans le milieu ordinaire, un licenciement économique, puis le cercle vicieux : l'impossibilité de retrouver un emploi, les mois sans activité qui se transforment en chômage "longue durée", le regard des autres, la joie qui s'éteint, la reconnaissance du handicap. Et l'Esat comme point de chute inévitable “pour reprendre confiance”, avec ici, un job à 35 heures par semaine et pas 700 euros mensuels, “mais ça va, on ne se plaint pas, c’est mieux que d’être chez soi”.

Je reviens dans le bureau du directeur.

Alors, bluffé ?

Surpris. Comment ces gens-là se retrouvent-ils dans un Esat ? N’y a-t-il pas de place pour eux dans une entreprise “normale” ? »

C’est même l’Esat qui pourrait devenir concurrentiel : « “Oh là là, tout le monde n’est pas capable de travailler en Esat ! Il faut être capable de produire.” C’est pas facile d’y être admis. Il y a des stages et des périodes d’essai ! [...] Le directeur compte avec ses doigts. En 2017, un travailleur sur cinq n’a pas été validé après sa période d’essai.

– Tant qu’ils n’ont pas réglé leurs problèmes, ils ne peuvent pas travailler ici. »

Cette phrase m’a fait penser à ce que m’a dit le psychologue, un jour. C’était un soir, avant Noël, il revenait d’une de ces journées qu’il détestait : une commande urgente était tombée le matin alors que les effectifs n’étaient pas suffisants. Le moniteur a alors débauché des usagers d’un autre service, dont certains avaient une contre-indication médicale. Des encadrants s’étaient plaints au directeur, qui avait haussé les épaules : « On a une commande à honorer. » Le soir, le psy m’avait écrit en colère. « Avant, on adaptait les postes aux ouvriers, maintenant, c’est l'inverse. Le travail n'est plus un moyen, mais une fin. Ce n'est plus "par" mais "pour" le travail. Certains de nos travailleurs sont passés par des dépressions justement à cause d'un rapport trop violent au travail, mais on reproduit les mêmes schémas en institution. »

« À chaque époque, écrit le philosophe Pascal Chabot dans *Global burn-out*, l'humanisme doit modifier ses combats. Une tâche lui est aujourd'hui assignée : remettre les logiques économiques et techniques à leur place secondaire, afin qu'elles continuent à servir des finalités plus intéressantes, plus métaphysiques et plus tendres ».

ZOUBIR ET SES FRÈRES (4)

Moi, cas social

Zoubir a abandonné.

C'est un « feignant », un « cas social » autoproclamé : « Je suis un cas social, moi. Enfin, je ne connais pas la définition, comment tu définis ça, toi, François, un "cas social" ?

– J'en sais rien.

– Il faudrait des critères, classer… Mes voisins me regardent, je pense, comme un cas social. Ils parlent de moi comme ça, "cas social". Ça compte. Donc nous, les cas sociaux…

– Arrête, maintenant, le coupe son frère Norredine.

– Pourquoi ? »

Norredine claque la portière. « Salut. » La dialectique n'est pas son truc. Pas d'effusion, une distance froide. Je le comprends, lui, sa raideur, en le croisant, souvent, à la salle de musculation : il résiste. Il serre les dents. Il bande les muscles. Pour ne pas tomber dans cette case, « cas social ». Zoubir, lui, a abandonné la partie. Il accepte son statut avec philosophie. Son corps se relâche, aussi, la volonté dissoute dans les bourrelets. Il a capitulé et m'accueille avec mon drapeau blanc. Car c'est une bataille, « l'insertion », qui réclame un mental, repartir au front, encaisser les défaites, ne pas s'écouter, d'abord, ne pas écouter en soi sa faiblesse, trop facile. C'est une lutte qu'il a engagée, lui et d'autres Norredine, pas des clones, non, mais une agressivité en commun, une agressivité sans coups ni injures, impalpable, dans le ton, les regards de défiance. On la dénonce, cette agressivité, et elle effraie. Contre elle, on en appelle au civisme. Ne reste que ça, pourtant, aux dominés qui n'ont pas renoncé : un avatar de pugnacité, oui, la rage à fleur de peau quand les bien nés réussissent sans combattre.

« Tu sais ce que j'aimerais, là ? poursuit Zoubir. C'est un bébé. Un sixième. Je m'isolerais dans son monde, jusque deux-trois ans. Après, déjà, ils m'échappent, mais jusque trois ans, pour lui, moi seul j'existerais. Je changerais ses couches, je lui chatouillerais le menton, je me réfugierais dans sa bulle...

– C'est vraiment une fuite.

– Bien sûr, je fuis. Je n'ai pas de boulot, mec. C'est facile, tu penses ?

– Tu te proclames feignant, pourtant, et fier de l'être... »

Sa main s'accroche à mon épaule.

« Réfléchis, mon ami : un homme, il lui faut un sens à sa vie. Toi, tu écris, mais moi... (Se mord la lèvre, au sang.) Écoute, c'est simple, Lounès rentrait de classe et il m'interrogeait : "La maîtresse a demandé la profession des parents, tu fais quoi, toi, papa ?" Combien de fois je lui ai menti : agent de sécurité, laitier, chauffeur de bus, parce que je ressentais cette honte. Aujourd'hui, je l'avoue, "chômeur", comme une faute mais je l'avoue. J'aimerais bien en pleurer, une bonne fois, je n'y arrive pas.

– Alors, pourquoi tu te colles cette étiquette de "feignant" ?

– Ça date de ma belle-famille, ça. Ils sont tous très intégrés, eux. J'ai vécu l'horreur, chez eux. Ils me méprisaient, tu vois. Tous ces gens-là travaillent, ça m'a flingué, ça. À des réunions, ils causaient de syndicats, de vacances, de salaires... "Et toi, Zoubir ?" ils me demandaient. Et là, je te jure, tout le monde rigolait. Je pouvais répondre quoi, moi ? Leur détailler mes échecs, devant eux, qui m'humiliaient déjà ? "Oh, moi, je suis un gros feignant", j'ai répliqué, comme si je l'avais choisi, au moins, le chômage.

Mais j'en ai cherché du boulot, à l'époque, tout, n'importe quoi, parce que tu me vois, là, maintenant, grosse feignasse avec sa grosse bidoche, c'est ça hein ? Mais j'ai accepté des tâches de merde, moi, j'ai distribué des prospectus, j'ai balayé dans les rues, j'ai ramassé des cailloux dans les champs, ça me plaisait tu crois de ramasser des cailloux ? Tu crois que dans mon adolescence je me rêvais en ramasseur de cailloux ? Et à mes côtés, ma femme enceinte, mon Aïcha, avec son ventre rond ramassait des cailloux ! On se sent fier, tu crois, dans ces moments-là ? Franchement, franchement, tu ne crois pas que je méritais mieux ? Mieux que de voir mon épouse se baisser jusqu'au sol, sous le soleil, sous la pluie, ramasser des cailloux pour leur putain de truc d'archéologie dont on se bat les burnes ?

Enfin, pour l'emploi, il faut se résigner, je crois... Tu sais, à la limite, ils m'ont tellement démoli, je réclamerais une pension Cotorep, aujourd'hui, ils me la donneraient. »

Extrait de *Quartier nord*,
François Ruffin, Fayard, 2006.

Le « Faire-ensemble »

26.

L'écrasement du travail, par les revenus, par les statuts, par le temps, par la pression, cet écrasement, qui dure depuis quarante ans, a des conséquences, pas seulement pour le salarié, pour l'individu, mais pour la société : elle est déréglée, désorganisée. C'est le chaos qui s'installe, dans des pans entiers.

« Je suis mandataire, mais c'est mon dernier jour aujourd'hui : j'ai démissionné. Je pars comme assistante sociale, pour 400 euros de plus. Alors que, pourtant, j'aime mon métier. » Juliette poursuit : « Quand j'étais étudiante, je me disais : "Le salaire, on s'en fiche." Mais là, bac +3 à 1 330 euros, avec quand même la mutuelle et des tickets resto… Je peux me payer une bière de temps en temps, mais partir en vacances, en revanche, 'faut pas que j'y pense…

– Y a que le salaire qui pose souci ?

– Non, on a le sentiment de bidouiller. »

C'est un souci aussi pour le directeur: «En ce moment, l'État n'investit pas sur nous. Du coup, je suis d'accord avec nos salariés: on paie mal, très mal. On cherche une secrétaire, mais à nos tarifs, personne ne veut... Le comptable, bon, j'espère le trouver cette après-midi. Mais les travailleurs sociaux, c'est la pénurie. Ils sont dévoués, ils ne font pas ça pour l'argent, mais y a des limites: avec les autres associations, on passe notre temps à se les piquer, c'est stupide.»

L'hôpital se meurt de ça. Durant des années, pour les soignants, «il n'y avait pas d'argent magique», on pouvait les payer au lance-pierres. On pouvait supprimer des postes, faire revenir sur le week-end, sur les congés, déplacer d'un service à l'autre, au nom de la polyvalence, comme si les travailleurs étaient interchangeables, comme s'ils n'étaient qu'une ligne dans un tableau Excel. On a ainsi usé les bonnes volontés, en un *turn-over* permanent, devenu fou, les infirmières quittant l'hôpital, pour la plupart, avant leurs cinq années d'ancienneté. Et maintenant, c'est le grand craquage, la déroute.

De même à l'école. Les écoles de formation sont détruites. Les contractuels ont gonflé les rangs. À force de réformes, d'un parcours au lycée démembré, de bac à trous, d'enseignement à distance, le sens du travail des enseignants s'évanouit. La République s'est fondée sur ses hussards noirs, et voilà qu'on les remplace par du *job-dating*!

Je dirais de même dans le bâtiment, dans la restauration, dans l'aide à domicile, dans tous ces métiers qui souffrent aujourd'hui, nous dit-on, de pénurie. Qu'a-t-on fait pour en améliorer les salaires, les horaires, les statuts? Rien. On a laissé faire le marché. Et le marché, libéré, libéré des contraintes, libéré d'un droit du travail assoupli, le marché les a écrasés, doucement, lentement écrasés. Le marché a fait ressentir un sentiment d'injustice: nous « sur qui le pays repose tout entier », comme a dit le président, ou plus simplement, « nous qui bossons », « nous qui nous levons tôt », nous peinons à vivre.

Et qu'envisage-t-on, face à ces pénuries? Plus de marché! Un marché fluidifié, d'abord, avec moins de droits au chômage, moins de droits à la retraite, plus de salariés en lice, et donc, en théorie, plus incités à passer de la plomberie à l'hôtellerie, d'Angoulême à Antibes. Un marché du travail mondialisé, aussi, avec des serveurs tunisiens pour l'été, des travailleurs détachés dans le bâtiment, des filières d'immigration choisie pour les auxiliaires de vie…

Quand Élisabeth Borne déclare « Nous faisons le pari, avec confiance, que le dialogue social aboutira sur quelque chose d'intéressant », qu'annonce-t-elle aux « métiers de la deuxième ligne »? Elle vient leur dire, nous dire que la République se retire du jeu. Qu'elle s'en lave les mains. Qu'elle laisse la Justice être rétablie par le Marché. Le Marché qui ne rétablit, de lui-même, aucune justice, jamais.

Et même « l'embellie sur l'emploi », avec « une jeune génération » qui, nous dit-on, est « courtisée », à qui les entreprises offrent – d'après *Le Parisien* – « du télétravail, avec des horaires convenables, de la bienveillance et un salaire correct », cette harmonie née de la pénurie, je n'y crois pas, je n'y crois pas pour tous. D'ailleurs, le même éditorialiste note, en une discrète incise : « Il ne faut pas être naïf, cette éclaircie ne bénéficie évidemment pas à tout le monde. Dans les territoires ruraux, ou certaines périphéries géographiques ou sociales, chez ceux qui n'ont pas les codes, l'intégration dans la vie active reste un parcours du combattant et de la combattante. Mais la tendance est là. » La tendance à une « jeune génération » coupée en deux : comment faire Nation, alors ? La tendance, aussi, au chacun se débrouille, au chacun pour soi, au chacun négocie son contrat, sans règle commune.

Non, le Marché ne va pas, de lui-même, spontanément, naturellement, rééquilibrer les plateaux de la balance, et relever le travail.

« Il n'y a pas, écrit le philosophe Georges Canguilhem, de société sans règle, mais il n'y a pas dans la société d'autorégulation. La régulation y est toujours, si je puis dire, surajoutée et toujours précaire. La régulation suprême dans la société, qui est la justice, ne figure pas sous la forme d'un appareil qui serait produit par la société elle-même. Il faut que la justice vienne d'ailleurs dans la société. »

Cet « ailleurs » qui apporte la justice, ce n'est pas Zorro, ni Superman : c'est nous, c'est le politique. Et c'est le devoir, l'honneur, la mission de la gauche : défendre le travail, la justice, la justice au travail.

Et lui donner un sens.

27.

Je vais citer, à nouveau, le juriste Alain Supiot : « Les sociétés humaines ne sont pas des troupeaux. Elles ont besoin pour se former et subsister d'un horizon commun. Un horizon, c'est-à-dire à la fois une limite et la marque d'un au-delà, d'un devoir-être qui arrache leurs membres au solipsisme et à l'autoréférence à leur être. »

Quel est l'horizon que nous offre le Marché ?

C'est de renouveler nos désirs, c'est de perpétuer la société de consommation, ainsi définie par

Le Petit Robert, et j'apprécie cette clarté: «Type de société où le système économique pousse à consommer et suscite des besoins dans les secteurs qui lui sont profitables.» Ou encore, dans *Le Petit Larousse*: «Société d'un pays industriel avancé où l'économie, pour fonctionner, s'efforce de créer sans cesse de nouveaux besoins, et où les jouissances de la consommation sont érigées en impératifs au détriment de toute exigence humaine d'un autre ordre.»

Cet horizon n'est pas seulement borné: il est suicidaire. Tous nos efforts, tous les efforts du Travail, consistent à maintenir un «type de société» dont, au contraire, il nous faudrait sortir!

À l'inverse, quel est notre horizon commun?

C'est l'impératif écologique, voilà l'immense défi que tous, tous ensemble, nous avons à affronter.

Faut-il dépeindre le désastre? La vie s'effondre, dans les airs, dans les mers, sur terre, et même sous terre, en une génération, la mienne, 30 % des oiseaux ont disparu, 80 % des insectes volants, 70 % des vertébrés, 90 % des lombrics. Les mégafeux n'incendient plus seulement, au loin, la Californie, la Sibérie, l'Australie, mais chez nous, les Landes ou le Gard. Les scientifiques désavouent, chaque année, leurs propres prévisions, les noircissent toujours plus, tant la cata' s'avance vers nous à grands pas.

Il nous faut, et d'urgence, changer le «type de société».

C'est une comparaison qui me vient souvent.

Quand les États-Unis entrent en guerre, en décembre 1941, les dépenses militaires ne représentent que 2 % du budget américain. Que fait Roosevelt, alors ? Il fixe des objectifs pour l'année à venir : « 125 000 avions », « 75 000 tanks », « 35 000 canons antiaériens », « dix millions de tonnes de navires »... Lui ne compte pas sur la main invisible du marché : cet « arsenal de la démocratie », comme il le surnomme, « l'état fédéral en est l'organisateur, il en assure le financement au moyen de l'impôt et de l'emprunt, il oriente les productions vers les besoins prioritaires de l'armée, il contrôle l'affectation des matières premières et gère les situations de pénurie, il arbitre entre les intérêts divergents des travailleurs et des *businessmen*... » Bref, il canalise toutes les énergies du pays, tous les capitaux, tous les savoir-faire, toute la main-d'œuvre, vers un but : une économie de guerre.

À notre tour de canaliser toutes les énergies du pays, tous les capitaux, tous les savoir-faire, toute la main-d'œuvre, vers un but : une économie de guerre climatique.

28.

Jamais, je l'admets, les thèses sur « la fin du travail », ou même « le revenu universel » ne m'ont enthousiasmé. Et la blague de Coluche, « à la télé, ils disent tous les jours : "'Y a trois millions de personnes qui veulent du travail." C'est pas vrai : de l'argent leur suffirait », ça me fait sourire, mais sans y croire.

À cause de ma morale personnelle, sans doute, mon père qui, à cinq heures du matin, partant à l'usine (comme cadre), faisait crisser les marches de l'escalier.

À cause d'un souci d'égalité : il est des tâches à accomplir, de toute façon, faire pousser les légumes, conduire les autobus, ramasser les ordures, et d'instinct, je serais plutôt pour partager, sinon ces corvées, du moins ces obligations.

À cause, surtout, de tous les chômeurs malgré eux que j'ai croisés, qui se regardent comme des « déchets », « inutiles au monde », qui « broient du noir », condamnés à une « agonie sociale », la haine de soi qui pousse comme une tumeur. À cause des treize suicides après la fermeture de Continental.

Et enfin, à cause des moues, du doute, parfois du dégoût, que ces idées belles suscitent chez les gens ordinaires : « Le salaire se mérite par le travail, point barre. »

Aujourd'hui, je suis plus sceptique que jamais : l'économie de guerre climatique réclame du travail, beaucoup de travail. Du travail dans les champs, si l'on souhaite moins d'intrants. Du travail pour replanter des haies. Du travail pour colmater les canalisations qui fuient. Du travail pour isoler les maisons. Du travail pour, dans chaque quartier, dans chaque canton, installer un centre de réparations, de tout, de vélos, de téléviseurs, d'ordinateurs, de pantalons, d'automobiles…

Du travail, aussi, surtout, pour glisser des « biens » vers les « liens » : que le bonheur soit moins chargé en CO_2, avec moins de vêtements importés, moins d'électronique acheté, moins de portables renouvelés. Qu'à la place, le bien-être provienne de la qualité des soins, des relations, avec nos voisins, nos cousins, nos enfants, nos malades, nos aînés. C'est du boulot, c'est énormément de temps et d'attention, être humain, simplement être humain. Et voilà qui réclame des milliers, des centaines de milliers d'emplois comme assistantes maternelles, animatrices, accompagnantes d'enfants en situation de handicap, auxiliaires de vie, etc., qui seront, je l'espère, je le souhaite, davantage déclinés au masculin.

Du travail, enfin, pour que la joie demeure, pour que la surprise se trouve ici, au coin de la rue, dans les gares, et pas à l'autre bout du monde, pas seulement par écrans interposés, pas seulement dans des spectacles aux places payantes : qu'on joue du clavecin et de la contrebasse dans les cantines des usines, que Molière et Beaumarchais résonnent dans les halls de la Caf ou du RER, que la fête de la Musique soit tous les jours, que la Culture ne soit pas enfermée dans les musées, qu'on tire tout un peuple de sa morosité, que les peintres redonnent des couleurs aux HLM, que des rames de métro aux tours des cités, on nous fasse relever le nez de nos portables…

Je procéderais à un grand relevé, par Pôle emploi ou autres, comme vous voudrez : « Que savez-vous faire ? Du jardinage ? Du bricolage ? De la mécanique ? De la cuisine ? »

Tous au travail.

Tous en service civique.

Tous apportant leur écot de labeur.

Mais tous recevant de quoi vivre.

29.

J'ai reçu une étrange lettre, d'une Perrine : « Avez-vous déjà interrogé une fainéante ? C'en est une qui vous écrit ces mots. Ne rien faire, pour moi, c'est vital. J'ai besoin de ne rien faire. Qu'est-ce que j'appelle ne rien faire ? Tout ce qui se situe en dehors du travail. Le travail, pour moi, c'est une quinzaine d'heures par semaine. Quinze heures, ça va, je les fais. Vingt heures, OK. Mais trente-cinq, je ne tiens pas : je déprime, ou bien je tombe malade. » Et plus loin, elle ajoute : « Mon taf, je sais que je le fais bien, je suis psychologue. Je suis très impliquée quand je travaille. Par ce travail, je sais que j'aide un peu la société. Et puis, ça m'intéresse, ça me touche. Je rencontre plein de gens, des jeunes, des vieux, des enfants, qui me racontent leurs vies, leurs difficultés. Ils me font confiance, et je veux être à la hauteur. J'y réfléchis, seule ou avec mes collègues. Mon but, c'est de bien faire mon taf. D'être à la hauteur de la fragilité qu'on me confie. »

Eh bien, pour moi, Perrine n'est pas une fainéante. Au contraire, c'est une travailleuse, une bonne travailleuse, qui fait bien son travail. Et même, une travailleuse comme on devrait tous le devenir, comme Keynes le souhaitait, le prévoyait : qu'à la fin du XXe siècle, les besoins seraient grosso modo satisfaits, que les humains consacreraient moins de vingt heures par semaine au travail, en seraient libérés pour l'amour et les arts, et qu'« il [serait] temps pour l'humanité d'apprendre comment consacrer son énergie à des buts autres qu'économiques… »

Que veut-on produire ? Que ne veut-on plus produire ? Des canapés ? Des lave-linge ? Des sèche-linge ? Et où veut-on les produire ? Et à quel prix ? Et en travaillant combien d'heures ? Quel emploi est nuisible ? Lequel bienfaisant ? Ces questions, aujourd'hui interdites, ces questions, c'est à la démocratie de les trancher, et pas au seul Marché. Ce n'est pas au Capital de décider pour tous, pour nous.

Le long et épuisant conflit des Goodyear avait démarré par un référendum interne : pour ou contre le « plan de modernisation » ? Qui supposait, notamment, 450 suppressions de postes et le passage en 4*8, les horaires brisés, plus de nuit, plus de jour, ça change toujours. À 75 %, les ouvriers avaient répondu « non », d'où, côté patrons, le choix de la délocalisation. À la fin de la bataille, j'avais rédigé un tract plutôt écolo, qui mêlait aspirations rouges et vertes :

« Les machines ont permis, dans les usines de pneumatiques comme ailleurs, d'augmenter la productivité : c'est, au fond, une bonne nouvelle, qu'il faille moins d'hommes ou moins d'heures pour produire autant. La consommation de pneus baisse, un peu, pas énormément mais un peu, en France : c'est, au fond, une bonne nouvelle pour la planète. Mais de ces deux bonnes nouvelles, le système parvient à faire une très mauvaise nouvelle : la concurrence entre les travailleurs se renforce, entre eux et avec les pays à bas coût, en l'occurrence avec la Pologne. Et on les place devant un chantage : soit perdre leur gagne-pain, soit accepter des reculs, casser encore davantage leur rythme de vie, leur sommeil, leur famille.

À cette menace, les Goodyear ont répondu un “non” franc et massif, “non” au 4*8. Un “non” qui devrait être, pour nous, un point de départ vers autre chose : que le progrès technologique, le progrès écologique servent le progrès social. Que, par exemple, si on a besoin de moins de pneus, et de moins de temps pour les produire, les ouvriers travaillent deux ou trois heures de moins, ou encore que cesse cette aberration, le travail de nuit.

C'est une question essentielle que les Goodyear posent à chacun : de quelle société voulons-nous ? »

Honnêtement, je me demandais comment ce machin, antiproductiviste, serait reçu par les ouvriers eux-mêmes, et par la CGT-Goodyear, si on nous renverrait notre papelard à la figure... Mais c'est l'inverse qui s'est produit. Les travailleurs l'ont lu en détail et, durant toute une semaine, ils ont eux-mêmes distribué le papier, ils l'ont photocopié comme s'il émanait de leurs rangs, ils l'ont diffusé à leurs rassemblements. Et c'est toujours émouvant, pour un « intello », quand les « prolos » se saisissent de vos mots.

Mais la psychologue Perrine et les Goodyear n'aspirent pas, peut-être, à des existences si différentes : ils aspirent à des existences où le travail occuperait une place, mais pas toute la place. Où on le ferait bien, comme il convient, avec le sentiment d'apporter notre pierre à l'édifice, au pays.

30.

« Le vivre-ensemble ».

Cette expression m'a toujours gonflé, mièvre et mielleuse, gluante. Il nous fallait, pourtant, communier à ce truc de communiant gnangnan. Je la rejetais, sans me l'avouer, et sans m'en vanter. Je n'avais jamais réfléchi pourquoi.

Maintenant, j'ai compris.

« Les Français voient bien que l'histoire récente s'écrit de moins en moins dans leur langue et ils ont surtout la conviction qu'elle se fait de plus en plus en dehors d'eux, analyse Marcel Gauchet dans *Comprendre le Malheur français*. Le rôle de la France dans le monde est en train de s'effondrer dans l'esprit des gens. Disons qu'ils se résignent mal à ce qu'ils ressentent comme une diminution et qu'ils ont le sentiment d'être dépourvus d'instruments d'action pour contrer ce mouvement de déclin.

Ce qui est perçu le plus profondément, c'est que le monde et sa marche vont contre ce que nous sommes et que, face à ce rouleau compresseur, nous ne sommes pas défendus. C'est le cœur du reproche principal fait à la fois aux hommes politiques et aux médias : les élites ne nous défendent pas parce qu'elles sont les alliées du mouvement de modernisation et de mondialisation dans lequel la spécificité française est appelée à se dissoudre. »

« Le vivre-ensemble », c'est quoi ? C'est le symptôme de cette sortie de l'histoire, c'est passif et poussif, c'est se tolérer côte à côte, c'est ne se forger aucun rôle. C'est un peuple statique, qui se laisse couler dans le flux des jours, mollasson, en un éternel présent, immobile, endormi. C'est se réveiller, au mieux, pour une victoire en finale d'une Coupe, s'offrir un bain de foule, sortir les hymnes et les drapeaux. « Le vivre-ensemble », c'est le machin qu'on a inventé, et qu'on radote, pour combler un vide : que fait-on ensemble ?

La réponse, cruelle, est : rien.

Ensemble, nous ne faisons rien.

Quel projet, depuis quarante ans, portent nos dirigeants ? Aucun, tout juste être « compétitif », « concurrentiel », pour flotter au moins pire sur les flots du libre-échange. « Se réformer », « s'adapter » au Marché, pour que ce Minotaure ne nous dévore pas. Voilà l'objectif qui nous est assigné. Voilà l'ambition que l'on nourrit pour le pays : nulle.

Comment appeler ça un « projet » ? Comment espérer que notre peuple en sorte ranimé, son envie d'avoir envie rallumée ? Comment être surpris de son état d'esprit, d'apathie, de jalousie ? Pour faire Nation, pour faire Nation de Flixecourt à Paris, d'Amiens-Nord à Courchevel, il y faut un destin. Ou du moins un dessein commun.

Ce dessein commun, je l'ai dit, je le répète, il est devant nous comme une montagne à gravir : l'impératif écologique. Qui nous oblige. Qui impose qu'on se remue, qu'on se secoue le ciboulot et les biscottos, Français des villes et Français des champs ! Qu'on oublie le « vivre-ensemble » languissant, émollient, anesthésiant, et qu'on en vienne au « faire-ensemble ». « Faire-ensemble », c'est relever le nez vers un horizon, c'est viser une même direction, c'est se dépasser dans l'action. C'est transformer le monde à notre mesure. C'est dire à Zoubir, à Hélène, à Minawar : « Nous avons besoin de toi ! De vous tous ! ». C'est s'inscrire dans l'histoire, en faire sa part. C'est leur restituer une fierté.

Je viens d'aller, pour la première fois, faire mon footing sur les quais de Seine. Sous le pont de la Concorde, un camion était garé, pour livrer un bateau-restau. Le gars était au volant, à l'arrêt, avec une plaque d'immatriculation posée sur le tableau de bord : « JOJO 60 ». Et à côté, un panneau, tout en majuscules : « FIER DE MON MÉTIER. » Je rentre au 101 rue de l'Université, je prends mon petit-déj' à la cafette, avec le coco André Chassaigne, du

Puy-de-Dôme, et je lui cause de « JOJO 60 », de sa fierté. « Quand j'avais dix-huit ans, comme étudiant, me raconte Dédé, mon père m'avait fait rentrer un été chez Michelin. Il était rectifieur là-bas, et il m'avait montré sa machine, elle faisait trois mètres de long. Il disait "ma machine", avec de la fierté dans la voix. »

À côté de l'Assemblée se trouve le Musée d'Orsay, et il m'arrive de m'y échapper. Au XIXe siècle, les Courbet, Caillebot, Sérusier, ont remplacé, dans leurs toiles, les rois, les princesses, les dieux, par les travailleurs de leur temps. On y voit des hommes à la forge, des femmes au lavoir, des enfants au tissage, une laitière, des gardiennes de vaches, des raboteurs de parquet, un atelier de serrurier, et d'autres métiers, un peu passés de mode : les ponceurs de chapeau, les allumeurs de réverbères… Eux accompagnaient, par leurs peintures, le mouvement socialiste naissant, ascendant. Ils offraient, les uns par l'image, les autres par le verbe, une fierté, et même une noblesse, aux travailleurs de leur siècle. C'est cette même fierté, de tous ces métiers qui tiennent la France d'aujourd'hui, qui font la France, que nous devons faire résonner, donner à voir, à entendre.

« Qu'est-ce que la gauche a encore à raconter sur le monde ouvrier ? s'interroge l'historienne Marion Fontaine. Pas grand-chose. Ils sont perçus comme des victimes qu'il faut aider, avec la bonne intention, au fond, d'aménager au mieux leur exclusion.

Là où le Parti communiste disait, même de façon un peu mythologique, illusoire: "C'est vous les acteurs! C'est vous qui faites l'histoire!" Le PC construisait une image digne des classes populaires, qui faisait redresser la tête, regarder vers le haut, vers l'avant. Aujourd'hui, elles se tournent vers le bas, elles craignent d'être grignotées, ravalées, par ses franges instables, marginalisées, les "cas soc'".

La fierté était centrée sur le travail. Le travail qui fait l'identité, le travail qui socialise, qui offre une forme d'émancipation, individuelle et collective, un travail universel: si les mineurs français et les mineurs polonais ne s'étaient pas réunis, il n'y avait pas de Front populaire.

C'est là que la gauche a perdu: qu'a-t-elle à dire sur le travail, aux travailleurs, de leur utilité? Alors que c'est une leçon du premier confinement, mais qu'on n'a pas creusée: la société a besoin du travail. Mais quel travail? Pas des "voies poubelles": il nous faut former des bons plombiers, former des bonnes assistantes maternelles, qui œuvrent au bien commun… »

Il y a l'être.

Il y a l'avoir.

Il y a le faire aussi, qui soude. Du temps qu'il écumait les chantiers, entre les grands immeubles à désamianter et le tunnel du Mont-Blanc qui a cramé, le picard Patrick se souvient d'une « bonne entente avec les Yougoslaves, les Turcs, les Algériens, etc. On travaillait bien ensemble. Mais maintenant, ils ne travaillent plus. » Maintenant, lui surveille depuis sa fenêtre, à Abbeville, les quads de leurs enfants, « les motos des Afghans ».

31.

Avec Gilles Perret, nous avons consacré notre dernier documentaire, *Debout les femmes !*, aux auxiliaires de vie, aux femmes de ménage. Que voit-on, tout au long de notre film ? Des « blanches » (puisque, en province, dans les campagnes, ces métiers sont occupés, massivement, par des femmes du coin) aux côtés de « noires » (puisque, à Paris, c'est frappant combien les mêmes postes sont occupés par des femmes qui viennent de plus loin). Elles sont ensemble. Elles s'expriment ensemble. Elles chantent ensemble. Sur une base « de classe », elles se rassemblent.

J'ai vécu, à Amiens, hors caméra, une scène qui illustre ça. La ministre du handicap, ou plutôt la « Secrétaire d'État en charge des personnes handicapées », Sophie Cluzel, était en visite dans ma ville. Et, entre ses rendez-vous officiels, à la Croix-Rouge, au Conseil départemental, j'ai insisté, réclamé, tempêté, pour qu'elle rencontre des AESH, «Accompagnantes d'Élèves en Situation de Handicap», les héroïnes de notre documentaire: Assia, Sandie, Hayat, et Aline. «C'est un métier qu'on adore, on aide les petits, on les voit progresser... mais avec 734 euros, c'est pas possible! Moi, je fais des ménages à côté... Et à la fin de l'année, AESH, j'arrête.» Toutes exposent, et avec conviction, et avec la gorge nouée, et avec la voix qui se brise, leur situation, l'injustice qu'elles subissent. La ministre écoute. Puis répond. Longuement: qu'elle comprend les difficultés, qu'elle les connaît, qu'elle lutte pour ça depuis des années, bien avant son entrée au gouvernement, etc.

Mon attention flottait. Je pensais à ce grand gâchis: toutes voulaient démissionner. Autre chose, aussi: vous avez entendu leurs prénoms, Assia, Sandie, Hayat, Aline, ça dit un peu de leurs origines, d'ici et d'ailleurs. Mais il n'y a que moi qui y songeais, elles étaient là, simplement, comme des Françaises, comme des travailleuses, comme des copines. Depuis une heure qu'elles échangeaient, depuis un an qu'on les filmait, jamais elles n'avaient discuté ou disputé sur ces origines, sur leur «identité», sur leur «religion», sur comment elles s'habillent et que mangent-elles le vendredi. Jamais. Alors, voilà deux projets, pour elles, pour notre pays. Les séparer, les diviser, Assia et Hayat, Aline et Sandie de l'autre. Ou alors, ensemble, qu'elles travaillent toutes ensemble, qu'elles luttent toutes ensemble, pour améliorer leurs vies et celles de nos enfants. Qu'elles fassent, ensemble, la France de demain, la France dont nous avons besoin.

Finalement, ce printemps, Hayat fut ma suppléante.

« Hayat Matboua, 36 ans, Accompagnante d'Élèves en Situation de Handicap. »

Elle était affichée sur tous les murs de la circonscription.

Elle aussi a fait 65 % à Flixecourt.

Remerciements

Un ouvrage ne peut exister sans, derrière l'auteur, le travail de toute une équipe.

Merci aux petites mains de l'ombre qui y ont contribué, avec leur valeur travail… bénévole : David, Isabelle, Mathieu, Alice, Vincent, Jézabel, Maxime, Manuele et tant d'autres.

Merci également à mon équipe qui m'accompagne au quotidien : Sylvain, Dimitri, Mélanie, Alexis, Robin, et Rémi sur ce bouquin.

Merci à Alain Supiot, pour ses entretiens, pour ses livres, *La Justice au travail* (Seuil, 2022) et *Le Travail n'est pas une marchandise* (Collège de France, 2019).

Merci à Henri et Nicolas pour leur patience face à mes hésitations éditoriales.

Merci à la reine des mots fléchés (niveau 3) pour sa relecture de dernière minute.

Merci, enfin, toujours, à mes parents, toujours présents pour mes enfants.

Table

Achevé d'imprimé en mai 2020
par l'imprimerie
Normandie Roto Impression s.a.s
à Lonrai
Dépôt légal : juin 2020
N° impr :
Imprimé en France